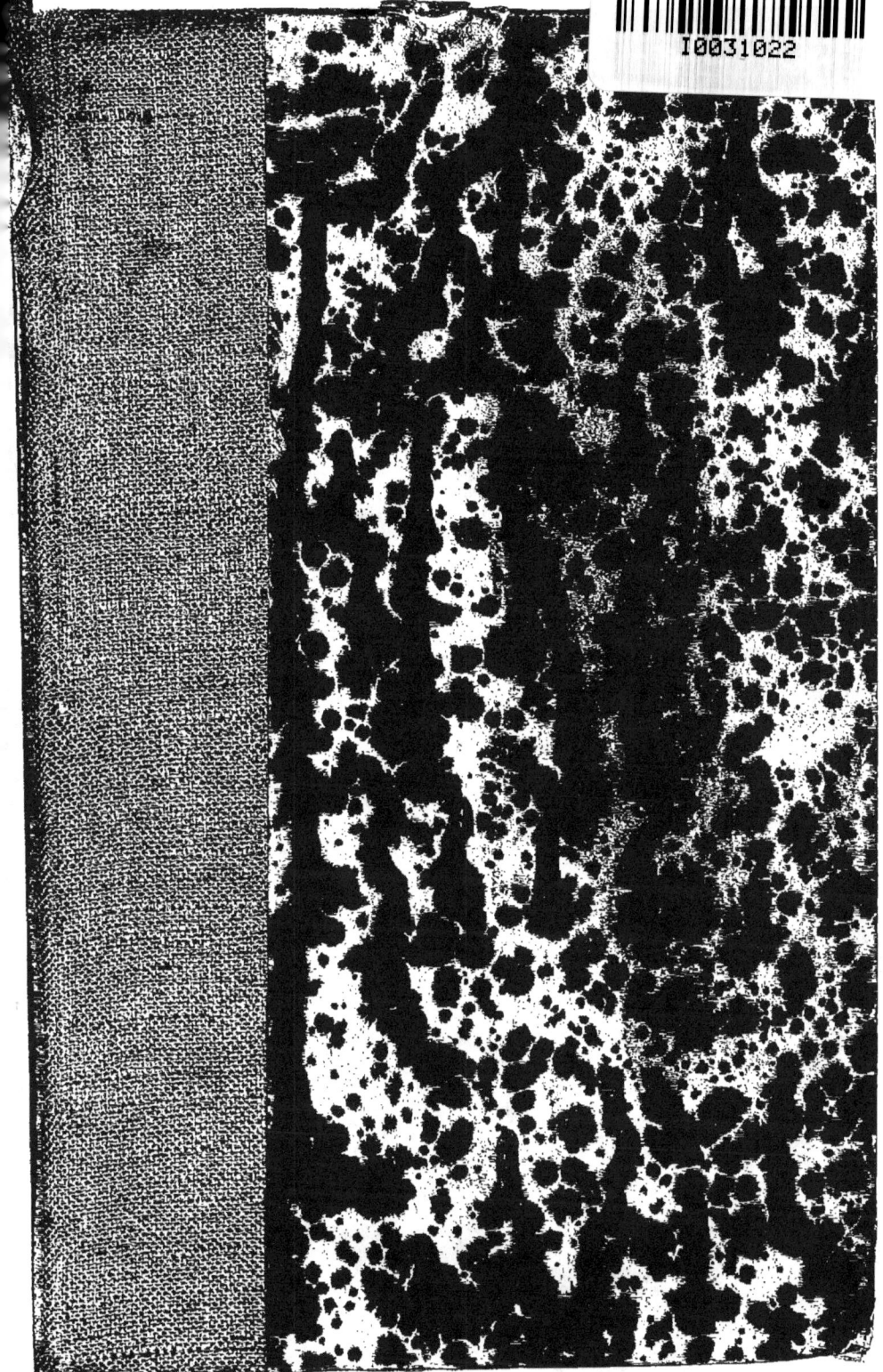

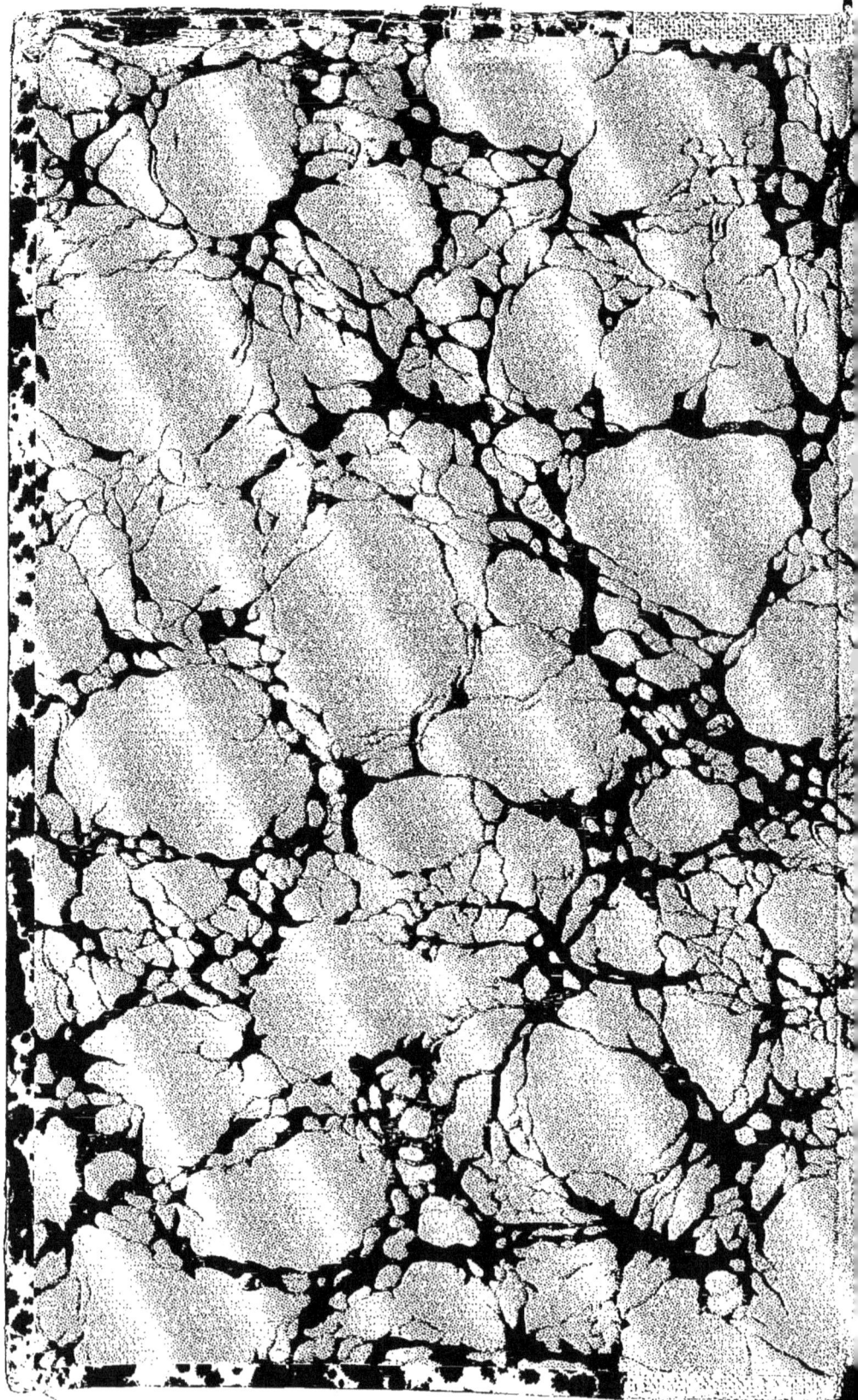

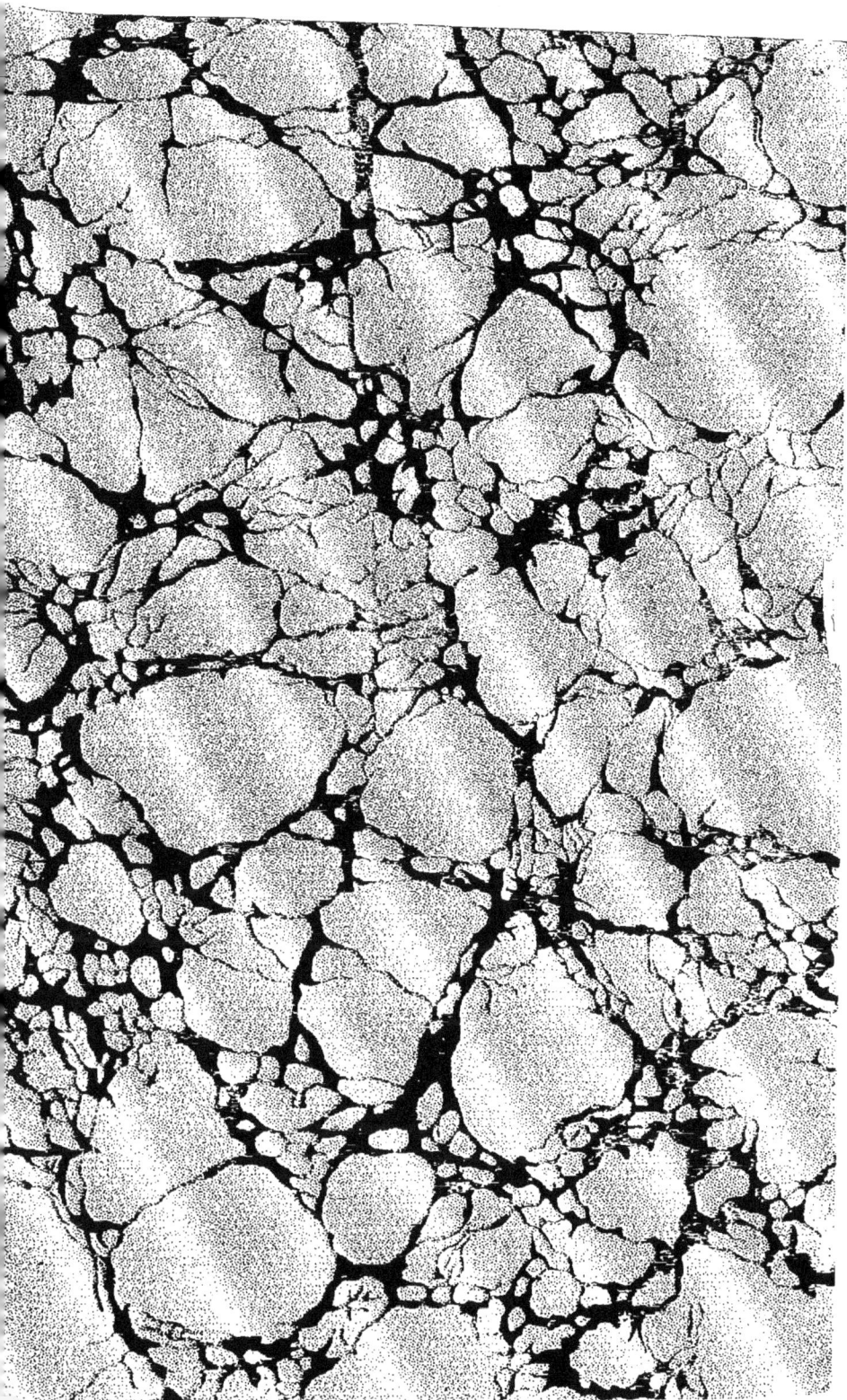

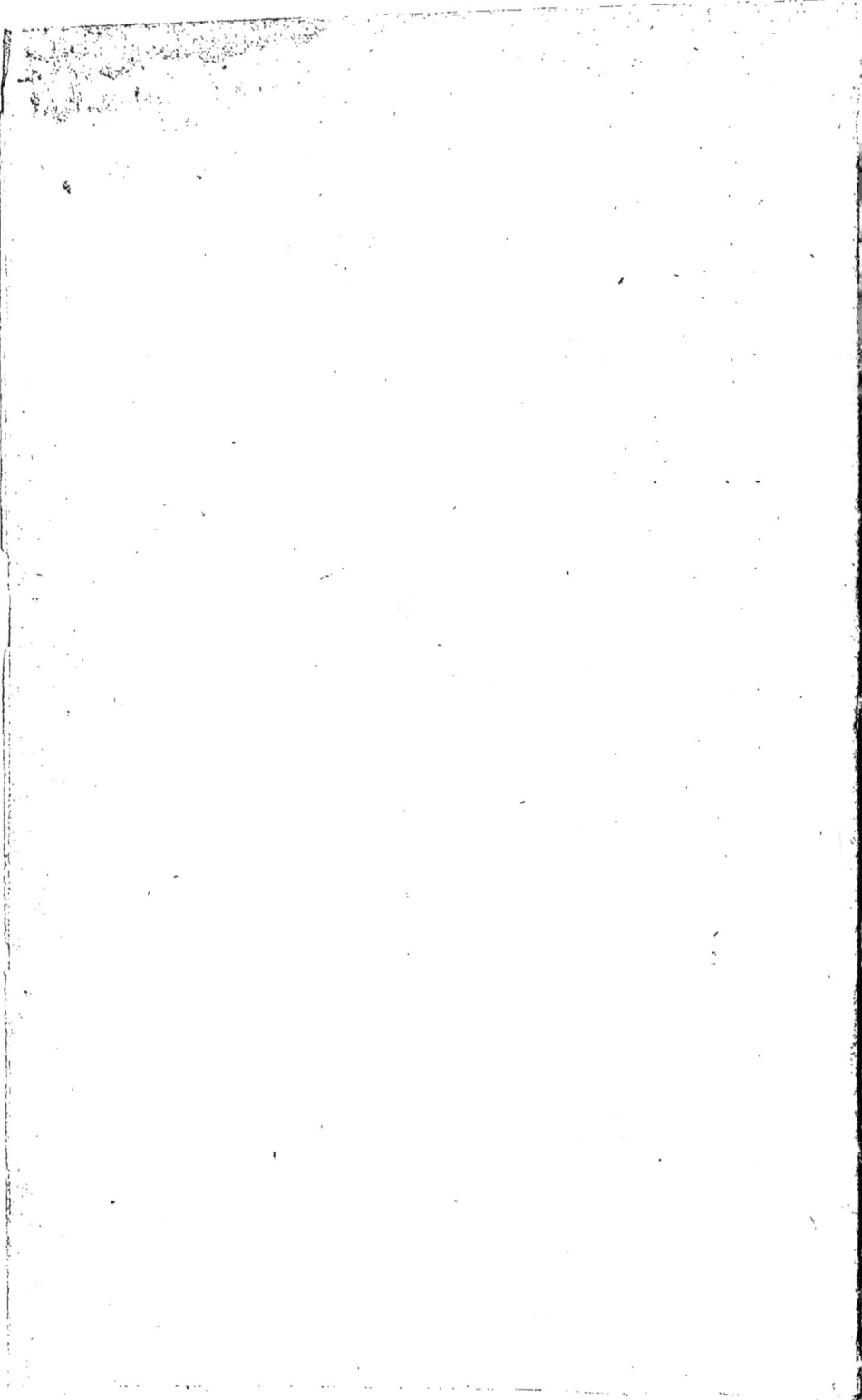

NOUVELLE ENCYCLOPÉDIE PRATIQUE
DU BÂTIMENT ET DE L'HABITATION

RÉDIGÉE PAR

René CHAMPLY, Ingénieur

avec le concours d'Architectes et d'Ingénieurs spécialistes

TROISIÈME VOLUME

# Travaux en Ciment
# et Béton armés

AVEC 54 FIGURES DANS LE TEXTE

PARIS

LIBRAIRIE GÉNÉRALE SCIENTIFIQUE ET INDUSTRIELLE

H. DESFORGES

29, QUAI DES GRANDS-AUGUSTINS, 29

# TRAVAUX EN CIMENT
## ET BÉTON ARMÉS

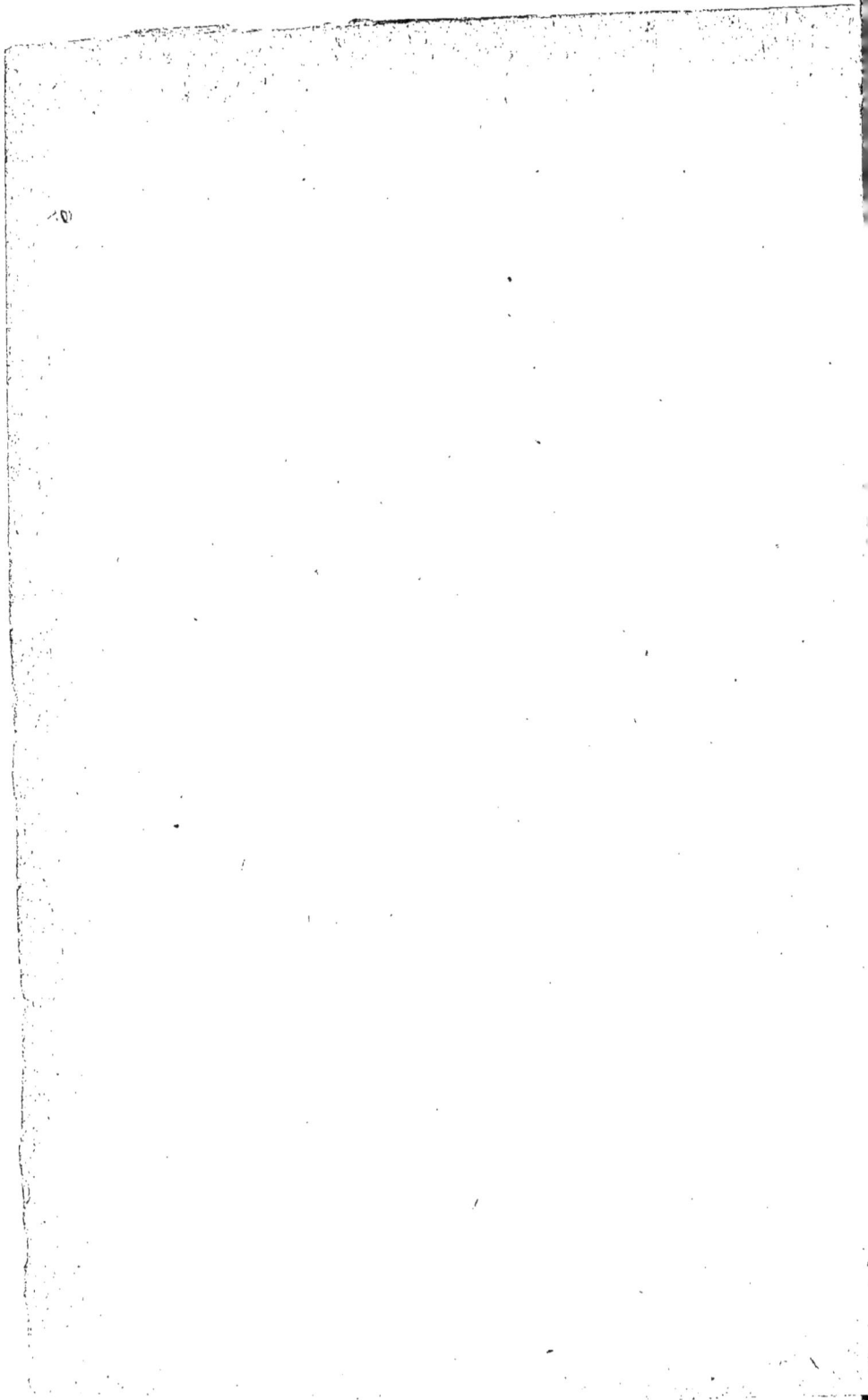

NOUVELLE ENCYCLOPÉDIE PRATIQUE
DU BATIMENT ET DE L'HABITATION

RÉDIGÉE PAR

René CHAMPLY, Ingénieur

avec le concours d'Architectes et d'Ingénieurs spécialistes

TROISIÈME VOLUME

# Travaux en Ciment et Béton armés

AVEC 54 FIGURES DANS LE TEXTE

PARIS

LIBRAIRIE GÉNÉRALE SCIENTIFIQUE ET INDUSTRIELLE

H. DESFORGES

29, QUAI DES GRANDS-AUGUSTINS, 29

# PRÉFACE

---

Le *Ciment armé* ou *Béton armé* est constitué par un système de barres de fer ou d'acier entre-croisées et reliées les unes aux autres puis noyées dans une masse plus ou moins grande de mortier ou de béton de ciment. Ce matériau a pris depuis quelques années une place considérable dans la construction moderne, aussi bien pour les travaux souterrains que pour les maisons d'habitation, les ateliers et bâtiments industriels et les grands ouvrages des Ponts et Chaussées. Le ciment armé remplace maintenant la pierre, le bois, le fer et la terre cuite dans tous les cas possibles et imaginables. Il a pour lui une solidité et une durabilité exceptionnelles dues à des causes que nous étudierons ci-après : on peut dire que théoriquement et pratiquement le béton armé est indestructible par l'eau, le feu et même par les tremblements de terre.

L'importance toujours croissante de l'emploi

du ciment armé nous a engagés à lui consacrer un volume spécial de cette Petite Encyclopédie ; l'intérêt en sera augmenté par les nombreux documents pratiques que M. Hennebique, le grand constructeur d'ouvrages en béton armé, a bien voulu mettre à notre disposition en nous autorisant à les reproduire ici (1) ; ils seront certainement un enseignement précieux pour nos lecteurs.

RENÉ CHAMPLY.

(1) Ces documents sont extraits du journal *Le Béton armé.*

# Nouvelle Encyclopédie Pratique
## DU BATIMENT ET DE L'HABITATION

## CHAPITRE PREMIER

---

### HISTORIQUE DU BÉTON ARMÉ

Si la généralité des mortiers, employés depuis le commencement de l'humanité pour la construction de nos habitations, présente une grande résistance à la compression, ils n'ont au contraire qu'une faible résistance à la traction : c'est pourquoi, depuis la plus haute antiquité, les maçons ont cherché à remédier à ce défaut en incorporant dans la masse des maçonneries de mortier des barres de bois ou de métal pour augmenter la liaison des murs entre eux ou des parties de murs entre elles.

Dans les constructions en bauge ou torchis de terre glaise on incorpore des brins de paille ou de foin et des perches de bois, de même dans les murs en pisé. Les Grecs et les Romains reliaient entre elles les pierres de certains murs par des barres de cuivre noyées dans le mortier.

Mais la combinaison du fer et du mortier de ciment est infiniment supérieure à celle des matériaux primitifs ci-dessus, à cause de l'adhérence extraordinaire que le ciment acquiert rapidement avec le fer et aussi parce que le fer et le ciment se dilatent à peu près identiquement sous l'influence de la chaleur.

La première idée d'associer directement un treillis de barres de fer avec du mortier ou béton de ciment, pour former des blocs de construction, paraît remonter à l'année 1820 au cours de laquelle, d'après le *Bulletin de la Société d'Encouragement pour l'Industrie nationale*, une partie de l'église de Courbevoie (Seine) fut recouverte au moyen de toiles métalliques enduites sur leurs deux faces d'une couche de mortier de ciment.

En 1861, François Coignet père indique le moyen de constituer un hourdissage pour les planchers dont les solives sont en fer, en formant entre les solives un réseau de barres de fer et en pilonnant un béton de ciment sur un faux plancher en bois établi provisoirement sous les solives en fer, de façon que le béton remplisse tout l'espace entre les solives de fer, de façon à former plafond en dessous et carrelage en dessus.

« Dans ce système de plancher, écrit l'auteur, la ferrure est complètement emprisonnée dans une dalle de pierre dure. On conçoit que la ferrure ne peut plier que si la dalle plie elle-même. »

« Il est possible d'introduire, pendant la confection du béton aggloméré, au moment du pilonnage, des *tirants*, des *chaînes en fer*, de telle sorte que, par ce moyen, la résistance du béton, déjà si grande, s'accroîtrait de toutes celles de ces matières introduites . »

Ces indications, qui contiennent tout le principe du ciment armé, furent utilisées en 1865 par un jardinier, *Joseph Monier*, qui prit un brevet pour la construction de bassins et de caisses à fleurs pour les jardins. Malgré son manque d'instruction, Monier ne tarda pas à voir le parti que l'on pouvait tirer du béton armé, et, dès 1868, il construisait un réservoir de 200 mètres cubes à Maisons-Alfort, puis un grand nombre d'autres réservoirs dont plusieurs existent encore aujourd'hui. En 1873 les procédés Monier furent étendus à la construction des voûtes cintrées, puis des poutres droites et de toutes sortes d'ouvrages. En 1876. M. Hersent construisait ainsi deux formes de radoub à Toulon, sous la direction de M. de Mazas, ingénieur en chef des Ponts et Chaussées, qui, le premier, appliqua au calcul des éléments du béton armé les données rationnelles de la résistance des matériaux. M. de Mazas estimait que le béton armé est un système hétérogène dans lequel les modules d'élasticité du béton et du fer sont entre eux comme 1 est à 20. Ces estimations ne s'éloignent pas sensiblement de celles admises aujourd'hui.

L'Allemagne et l'Autriche, qui avaient acquis les brevets Monier, en firent alors de nombreuses applications à toutes sortes de travaux privés et publics.

Les Américains, pour protéger de l'action destructive du feu leurs grandes constructions en fer, étaient amenés, de leur côté, à entourer les armatures de fer de couches protectrices de béton de ciment, ce qui conduisit à la construction des dalles système Hyatt, des poutres Jackson, Ransome, etc.

A l'exposition de Paris, 1889, on vit de nombreux travaux en ciment armé, mais c'est à partir de 1892, à la suite des travaux de MM. Hennebique, Coignet et d'autres nombreux ingénieurs, que l'emploi du béton armé se répandit rapidement. A l'Exposition de Paris 1900, la presque totalité des grands travaux d'art était faite en béton armé.

Le Métropolitain de Paris avait, à cette époque, fait un emploi considérable du béton armé dans la construction de la ligne Vincennes-Porte-Maillot.

Nous rappellerons ici un souvenir personnel : en 1882, un modeste cimentier construisit à Mâcon, dans la rue Saint-Brice, une maison à quatre étages entièrement en ciment armé, y compris les planchers et les balcons. La faible épaisseur des murs n'inspirait nulle confiance aux Mâconnais, pas plus, du reste, que le nouveau mode de construction : le malheureux Louis Janicaud, cimentier novateur, en fut réduit à habiter longtemps seul sa maison, qui présentait cependant toutes garanties de solidité, car je l'ai vue ensuite plus de 15 ans après sa construction.

Il a fallu, pour vaincre les préjugés, des exemples frappants : telle la célèbre maison construite par M. Hennebique, 1, rue Danton, dans laquelle les murs, planchers, balcons, cloisons, fondations, escaliers et toitures sont entièrement en ciment armé. Cette maison fut, je crois bien, la première en son genre à Paris, elle a cependant pour ancêtre celle de Louis Janicaud, à Mâcon.

De nos jours, le béton armé est employé à tous les genres de construction, depuis les dalles, poteaux et tuyaux de petits diamètres, jusqu'aux arches de ponts à longue portée; nous en donnerons de nombreux exemples dans ce petit livre.

# CHAPITRE II

---

## PROPRIÉTÉS DU BÉTON ARMÉ

D'après M. Emile Trélat, les propriétés construc-
tives du béton ou ciment armé sont les suivantes :

1º Persistance de constitution ;
2º Permanence de figure ;
3º Résistances mécaniques ;
4º Capacité stabilitaire ;
5º Capacité d'isolement ;
6º Capacité plastique ;
7º Capacités économiques.

1º *Permanence de constitution.* — C'est la propriété
qu'ont certains matériaux de résister aux agents
atmosphériques tels que l'air, l'eau, la chaleur et le
froid. Le ciment armé possède au plus haut point la
permanence de constitution quoiqu'il soit formé de
deux éléments dont l'un, le ciment, résiste
parfaitement aux causes destructives naturelles, tandis que le fer est rapidement endommagé ; mais ici le
fer est entièrement enrobé dans la masse du ciment
qui le protège du contact de l'air et de l'eau, car le
béton de ciment est imperméable à ces agents lorsque

le dosage du ciment est suffisant eu égard à l'épaisseur des parois. La conservation des barres de fer dans le béton armé est prouvée par l'expérience : c'est ainsi que des bétons armés faits depuis 15 et 20 ans ont été brisés intentionnellement et qu'on y a trouvé le ciment adhérant puissamment aux armatures de fer qui étaient telles qu'au moment de la construction. Il est prouvé, du reste, que le fer ne rouille pas dans le mortier de chaux ; au contraire, des fers rouillés employés pour faire des bétons armés se décapent naturellement par l'action du mortier de telle sorte qu'on les retrouve avec une surface parfaitement nette lorsqu'on brise le béton au bout d'un certain temps.

Le béton armé n'a aucune tendance à se désagréger sous l'influence des alternatives de chaleur et de froid pour la raison simple que les coefficients de dilatation du fer et du mortier de ciment sont sensiblement les mêmes : une pierre en ciment armé se comporte donc, aux variations de température, comme si elle était homogène et on a constaté, dans des incendies, que les armatures n'avaient aucune tendance à se séparer du ciment même après l'action du feu et celle de l'eau jetée par les pompes d'extinction. Mais en outre, le ciment étant très mauvais conducteur de la chaleur, les blocs de béton armé sont très lents à s'échauffer et la chaleur ne se propage que fort peu aux armatures et au centre des blocs armés : il en résulte qu'au cours d'un incendie, les angles et les surfaces des bétons armés sont seuls détériorés par le feu, tandis que l'ensemble de la construction reste indéformé. On sait qu'il n'en est pas de même dans l'incendie des constructions simplement métalliques où les poutres s'échauffent très rapidement, se dilatent inégalement et fléchissent dans les endroits qui se trouvent portés au rouge, ce qui amène la ruine du bâtiment incendié.

Les murs et les planchers en béton armé empêchent, par ces mêmes raisons, la propagation du feu aux locaux voisins et aux étages du bâtiment.

Le mortier de ciment, dès que sa prise est faite, ne craint pas la gelée. Si le froid est de 2 ou 3 degrés au-dessous de zéro, on peut faire le béton avec de l'eau froide ; si le froid est voisin de 10 degrés, il faut avoir la précaution de faire chauffer l'eau de gâchage ou bien de l'additionner de chlorures salins ainsi que l'indique le journal *Le Béton armé* :

Chacun sait que les solutions salines se congèlent plus difficilement que l'eau pure : une solution de chlorure de sodium à 20 p. 100 ne gèle qu'à —14º C. et une solution analogue de chlorure de calcium ne gèle qu'à —18º C. En mélangeant des solutions de ces sels à l'eau de préparation des mortiers, on retarde le point de congélation de ceux-ci, ce qui permet d'exécuter, même par les grands froids, certains travaux de maçonnerie. Le chlorure de calcium est préféré au chlorure de sodium, pour cet usage, parce qu'il augmente l'imperméabilité du mortier auquel on l'ajoute.

Des expériences (dont le détail est donné par les *Annales des Travaux publics de Belgique*) ont été faites par M. Richard Meade, en vue de déterminer la proportion de chlorure de calcium à employer pour obtenir le maximum d'effet. Ces expériences, exécutées à l'aide de briquettes préparées spécialement, ont nettement montré que le maximum de résistance des briquettes se produisait avec une adjonction de 2 p. 100 de chlorure de calcium.

Comme on emploie 10 à 15 p. 100 d'eau pour la préparation du mortier, l'addition de 2 p. 100 de chlorure de calcium revient à gâcher avec une eau contenant 15 à 20 p. 100 de chlorure, ce qui abaisse le point de congélation de cette eau à — 10° C. et à — 18° C.

Une adjonction supérieure à 2 p. 100 augmente la rapidité de la prise, mais on sait que les ciments sont d'autant moins résistants que la rapidité de la prise est plus grande.

Il faut noter ici que le froid arrête momentanément le durcissement du mortier de ciment, un béton armé fait par temps de gelée devra donc rester sur ses cintres encore longtemps après le dégel, jusqu'à ce que le durcissement se soit produit dans toute la masse par suite de la pénétration lente de la chaleur.

2° *Permanence de figure.* — C'est la propriété qu'ont certains matériaux de ne pas changer de forme sous l'influence de la chaleur ou de l'humidité : l'humidité, l'eau et l'air n'ont aucune action sur le ciment et le fer est protégé par le ciment de la destruction par ces agents. La chaleur dilate également le ciment et les armatures, mais, comme le ciment est très mauvais conducteur de la chaleur, les variations se produisent lentement. M. Cordeau indique qu'il faut, dans l'étude des constructions en ciment armé, tenir compte des dilatations possibles comme si ces constructions étaient entièrement métalliques.

3° *Résistances mécaniques.* — Le béton armé est un matériau hétérogène composé de deux éléments dont l'un, le fer ou l'acier, présente une grande élasticité et résiste bien à la traction, tandis que l'autre, le ciment, résiste bien à la compression mais ne présente qu'une faible résistance à la traction et peu d'élasticité. Ainsi que nous l'avons dit ci-dessus, les deux éléments fer et béton se comportent à peu près de même sous l'in-

fluence des variations de température, ils se complè-
tent heureusement au point de vue des résistances
mécaniques : il faut remarquer aussi que les armatures
en fer étant emprisonnées dans le béton ne peuvent
ni se *voiler*, ni *flamber*, leur résistance à la compression s'en trouve augmentée et l'on peut compter leur
faire supporter des efforts plus considérables que l'on
ne pourrait le faire sur des pièces en fer dans des charpentes métalliques ordinaires. Comme la rouille ne
se forme pas sur les armatures enrobées de béton, il
n'y a pas à redouter de ce côté une diminution des
résistances mécaniques du métal : il n'y aurait à
craindre que les modifications de structure consta-
tées dans les armatures soumises à des vibrations
répétées, mais les diminutions de résistance provenant de ce fait sont en partie compensées par l'augmentation des qualités du béton dont la dureté et la
résistance s'accroissent constamment à dater de son
pilonnage et pendant plusieurs années sans diminuer
ensuite. Le béton armé est donc un matériau tout à
fait remarquable au point de vue des résistances
mécaniques qui sont permanentes tandis qu'il n'en
est pas ainsi avec tout autre.

Les nombreuses expériences auxquelles a donné
lieu l'industrie du béton armé ont permis de fixer
comme suit les résistances du mortier de ciment de
Portland avec bon sable.

Après 7 jours, il a acquis la moitié environ de sa
résistance totale ;

Après 1 mois, il a acquis environ les quatre cin-
quièmes de sa résistance totale ;

La résistance continue à croître ensuite pendant
plusieurs années.

Cette résistance est, en fin de compte, de 20 à 30 kilogrammes *à la traction*, par centimètre carré et de

200 à 300 kilogrammes, *à la compression*, par centimètre carré, pour les bétons au dosage de 400 à
600 kilogrammes de Portland par mètre cube de sable.

Elle atteint *à la traction* 40 kilogrammes et *à la
compression* 400 à 500 kilogrammes pour un dosage de
800 à 1000 kilogrammes de Portland par mètre cube
de sable.

La résistance du béton à la traction est d'environ
le dixième de sa résistance à la compression.

Dans les calculs, on admet généralement que la
résistance du béton à la traction est nulle et l'on doit
n'admettre qu'un coefficient de sécurité assez élevé
pour les charges de compression, parce que l'ouvrage
sera certainement utilisé avant que le béton n'ait
acquis sa résistance totale.

Les déformations du béton sous l'influence des
charges sont très faibles et sensiblement proportion-
nelles à ces charges tant que celles-ci ne dépassent pas
les limites des coefficients de sécurité en usage dans
le Bâtiment (1 /10 à 1 /20 de la charge de rupture).

*( Voir à ce sujet l'étude faite par M. Cordeau dans le
Dictionnaire Lamy, deuxième supplément, pages 530 et
suivantes.)*

Nous donnons ci-dessous les résistances à la rupture
des divers fers et aciers que l'on emploie pour le béton
armé :

| | | | |
|---|---|---|---|
| Fer forgé ou fer en barres | 30 à 35 | kgr. | par millimètre carré |
| Tôle de fer............. | 33 | — | — |
| Fil de fer recuit ....... | 70 | — | — |
| Acier extra doux ...... | 40 à 45 | — | —. |
| Acier doux............ | 54 | — | —. |
| Acier demi-dur ........ | 60 | — | — |
| Fil d'acier ........... | 80 à 250 | — | — |

Les charges pratiques doivent être prises entre 1 /6
et 1 /10 de ces nombres.

Dans le calcul d'un ouvrage en béton armé, on devra donc compter que les résistances à la compression du fer et du béton s'ajoutent l'une à l'autre, tandis que l'on ne doit se baser que sur la résistance du fer seul pour les efforts de traction.

Les propriétés spéciales du béton armé permettent de l'employer pour faire des murs très minces, de 5 à 10 centimètres seulement d'épaisseur, même en panneaux de grandes dimensions insérés entre des piles de même matière. Ces panneaux, réunis aux piles par leurs armatures métalliques, forment avec ces piles un véritable monolithe ; ces murs minces possèdent une certaine élasticité qui leur permet de supporter des efforts anormaux sans qu'il en résulte de déformations permanentes : ici intervient l'adhérence considérable du fer dans le béton, qui empêche la rupture de l'ensemble.

4º *Capacité stabilitaire.* — Cette qualité est la propriété d'un matériau de pouvoir servir à constituer des édifices stables, résistant aux poussées intérieures ou extérieures, aux mouvements du sol et en particulier aux tremblements de terre. Le béton armé permet de bâtir des constructions aussi importantes qu'on le désire, dont toutes les parties sont reliées entre elles par les armatures métalliques ; dans une maison en béton armé, les fondations, les murs, les planchers et escaliers, les combles et charpentes forment un seul morceau à tel point que l'on a vu des usines considérables en béton armé s'incliner à la suite d'affouillements souterrains, être relevées ensuite par des moyens mécaniques quelconques sans qu'une seule fissure se produisit. Dans les pays sujets aux tremblements de terre, il est nécessaire de construire exclusivement en béton armé, c'est ce qu'on a fait pour réédifier San Francisco et Messine (voir *Le Béton armé*, avril 1909, Conférence de M. Flament Hennebique).

5° *Capacité d'isolement*. — Le ciment armé est mauvais conducteur de la chaleur et de l'électricité. On peut augmenter l'isolement pour la chaleur et le bruit en formant des murs minces espacés de quelques centimètres, chaînés l'un à l'autre de loin en loin; l'espace existant entre ces murs sert à loger les tuyaux de cheminée, de chauffage, de ventilation, d'eau et les canalisations électriques.

Le ciment armé est employé à la confection de caniveaux pour câbles électriques et de poteaux pour supporter les lignes aériennes, nous décrirons plus loin cette fabrication.

6° *Capacités plastiques*. — Le plus grand reproche que l'on pourrait faire au ciment armé est de ne pas donner de masses architecturales agréables à l'œil : en effet, les qualités du ciment armé permettent et engagent à ne l'employer que sous de faibles épaisseurs et par conséquent ne donnent que des surfaces plates sans refouillements ni baies profondes comme avec la pierre de taille.

L'architecte remédie à cet inconvénient en ornant les façades d'encorbellements et de saillies que le ciment armé permet fort audacieuses à cause de la facilité de liaison de ces parties en surplomb avec les murs et planchers de l'édifice. On a aussi reproché au ciment armé sa teinte grise et terne que l'on peut pallier par l'emploi d'enduits au ciment mêlé d'ocres de diverses couleurs, et si l'on veut une teinte blanche, de talc en poudre très fine : le talc donne avec le ciment un enduit presque blanc qui a l'aspect de la pierre de Lorraine. On emploie beaucoup la décoration en grès ou poteries polychromes appliquées sur le ciment au moment de la construction.

On utilisera aussi la facilité de mouler des sculptures, bossages et moulures en construisant le mur. Ces ornements, obtenus avec de simples moules en plâtre, bois ou fonte, reviennent à bon marché.

Il est facile, après construction, d'appliquer à la surface du ciment armé des ornements en ciment : il faut repiquer la surface du mur, l'arroser d'eau et au besoin de *barbotine* ou ciment gâché clair ; le mortier de ciment prend ensuite parfaitement sur la surface ainsi préparée.

Il est plus difficile de modifier par ablation les murs en ciment armé, car le béton devient rapidement très dur et l'on rencontre les armatures dont le tranchage demande des outils spéciaux et beaucoup de travail.

7° *Capacités économiques*. — Le ciment armé permet d'établir à solidité égale des ouvrages coûtant de 10 à 30 p. 100 moins cher que les mêmes en pierre ou en briques, selon les conditions locales du prix de ces matériaux. On trouve partout du sable que l'on peut toujours rendre bon par des lavages ; le ciment ne formant que la plus petite partie de la matière ne nécessite que des frais peu élevés de transport. Le ciment armé est donc avantageux au point de vue du prix de revient dans la plupart des pays. Sa confection ne nécessite pas d'ouvriers spécialistes mais seulement de l'attention et des soins de la part des ouvriers maçons qui sont habitués à préparer le béton de ciment. La confection des armatures au moyen des barres de fer entrecroisées et ligaturées par du fil de fer recuit, ne présente pas grande difficulté pour les ouvriers de bonne volonté ; le béton armé doit donc pouvoir s'établir partout.

Il permet de faire des ouvrages légers et compacts nécessitant moins de fondations que ceux en pierres.

Il est insensible aux agents atmosphériques et ne demande ni ravalements, ni rebouchages, ni peintures pour sa conservation indéfinie, ce qui procure une économie considérable sur les ouvrages en pierres ou briques enduits et sur les charpentes en fer dont la peinture complète est nécessaire à des intervalles rapprochés.

Il faut enfin observer que si, sur un terrain déterminé, on construit des murs en ciment armé ayant seulement 10 centimètres d'épaisseur au lieu de murs en pierres de 50 centimètres d'épaisseur, on disposera d'espaces beaucoup plus grands, ce qui présente un intérêt considérable dans les villes où le terrain atteint quelquefois plus de 2000 francs le mètre carré.

L'emploi des planchers, escaliers et combles entièrement en ciment armé indestructible par les éléments et par l'incendie est un progrès considérable et définitif sur les anciennes charpentes en bois sujettes aux vers, à la pourriture et au feu et aussi sur les charpentes métalliques.

*La durée de durcissement du béton* (Journal *Le Béton armé*). — Cette question est particulièrement intéressante en matière de béton armé dont l'emploi en dimensions de faible épaisseur, comparées à celles que l'œil est habitué à percevoir avec la pierre ou le bois, ne laisse pas parfois de suggérer des craintes chimériques aux personnes encore peu familiarisées avec son application dans les constructions.

Mais — indépendamment de la résistance qu'offre rapidement le béton de ciment considéré pratique-

ment comme susceptible de répondre victorieusement
au travail normal qu'on lui impose trois mois après
sa fabrication, quelquefois moins — il est bon de
rappeler que la sécurité des constructions en béton
armé s'accroît sans cesse pendant longtemps, à l'opposé des constructions métalliques qui, après avoir
satisfait aux épreuves de réception au début, voient
diminuer, au contraire, leur résistance par la suite et
disparaître la sécurité sur laquelle on croit être en
droit de compter.

Comme confirmation d'un fait hors de discussion
depuis longtemps dans le monde technique, mais
qu'on ne saurait trop démontrer aux yeux du public,
qui a besoin d'être convaincu par des observations
probantes, nous avons relevé, dans *Il Cemento*, de
janvier 1908, la relation fort intéressante des expériences faites par le professeur A. Hanisch, de Vienne
(Autriche), où, toutes ces questions, comme on le sait,
sont étudiées avec un soin méticuleux et une méthode
sûre, laissant rarement prise à la critique.

Ces expériences ont porté sur la résistance offerte
par le béton de ciment à différents âges et voici ce
qu'en dit *Il Cemento :*

« En général on admet que la prise du ciment, au-
« trement dit la résistance essentielle du béton, peut
« être considérée comme complète au bout d'un an
« de fabrication ; cependant, on admet qu'il se pro-
« duit une légère augmentation de résistance par
« la suite, pendant un temps plus ou moins long ;
« parfois le béton reste stationnaire et même on
« aurait cru constater avec certains ciments une
« tendance à la régression (1).

« M. Hanisch a suivi pendant quatre années la

(1) Il n'y a guère que les ciments à prise rapide qui donnent
lieu à cette observation.

« résistance de divers bétons préparés avec trois
« qualités différentes de ciment Portland et un
« mélange par parties égales de ciment Portland et de
« ciment romain et il a constaté, dans la dernière
« année de ses observations, une importante aug-
« mentation de résistance des bétons expérimen-
« tés. »

Les observations du professeur Hanisch sont con-
firmées par les constatations faites par la Commission
française du béton armé. On relève, en effet, dans les
expériences de cette Commission, des chiffres intéressants que nous résumons ci-dessous :

*Résistance à la compression par centimètre carré de béton
pilonné de composition équivalente, soit 0,40 sable, 0,80 gravier, 300 ou 350 kil., ciment Portland* (2).

### ÉCRASEMENT DU BÉTON

| | NON ARMÉ | ARMÉ | FRETTÉ (1) | Voir rapport Commission |
|---|---|---|---|---|
| Age, 4 semaines .......... | 158 | 234 (3) | 250 (3) | p. 280 |
| — 5 mois.............. | 242 | 324 (3) | 331 (3) | p. 292 |
| — 10 ans.............. | 592 | » | » | p. 108 et 442 |
| Prisme de béton provenant d'une traverse en béton armé restée 5 ans dans une voie de chemin de fer parcourue par des express à 60 kil. à l'heure. | | | | |

(1) Les chiffres de cette colonne sont ceux consignés lorsque
le béton de la périphérie s'est écrasé. Au-delà, on n'a plus
d'indication précise, le prisme se déformant comme on le voit
p. 310 du Rapport de la Commission.

(2) Le béton riche, c'est-à-dire à 500 kil. de ciment, a généralement supporté des compressions moins élevés que le béton
de 300 ou 350 kil.

(3) La résistance du béton armé est, à 2 0/0 près, égale à
celle du béton fretté.

*L'adhérence du métal dans le béton* (d'après M. P. Gallotti). — En France, l'universalité, ou à peu près, des ingénieurs et des constructeurs utilisent comme armature le fer rond brut de laminage qui n'a jamais occasionné de mécomptes.

A l'étranger, et notamment en Amérique, on a imaginé des profilés de formes diverses et compliquées sous prétexte d'obtenir une adhérence plus grande entre le métal et le béton.

Il semble bien qu'à ce propos les Américains soient partis d'un point de vue erroné et aient compliqué inutilement les choses en les rendant plus coûteuses. On n'ignore pas que, dans le Nouveau Monde, la hâte avec laquelle on construit donne lieu à de fréquents désastres. Un homme fort autorisé à New-York, M. Fitzpatrick, nous a révélé récemment, dans la *Construction moderne*, qu'en béton armé trop de gens absolument ignorants dans la matière se mêlent de ce genre de construction, y employant des matériaux médiocres, une main-d'œuvre tout à fait inférieure, mal surveillée, d'où de nombreux accidents.

Ne voyant point la véritable cause à leurs déboires, raisonnant mal en une matière qu'ils n'avaient sans doute point suffisamment approfondie, les Américains attribuèrent à un défaut d'adhérence du métal au béton les accidents qui se produisaient et s'évertuèrent, le mercantilisme aidant, à imaginer des moyens compliqués de produire cette adhérence, chaque industriel proclamant qu'il faisait mieux que son voisin.

En France, où les étrangers veulent bien reconnaître que l'on travaille admirablement le béton armé, on s'en est tenu au fer rond et on a raison — car jamais la question d'adhérence n'entre pratiquement en jeu, aussi n'a-t-elle jamais été discutée qu'au point de vue théorique.

M. l'Inspecteur général des Ponts et Chaussées, Préaudeau, dans son *Cours de Construction*, estime qu'on n'a pas à s'en préoccuper, l'adhérence étant toujours supérieure à la limite d'élasticité du métal.

Or, cette limite est atteinte, en général, lorsque le métal travaille à 25 kilos par millimètre carré, la rupture ne se produisant d'ailleurs qu'à 40, 42 ou 45 kilos. Jamais on n'impose, en outre, un travail dépassant 10 ou 12 kilos.

Si nous considérons un instant une barre de 30 millimètres de diamètre dont la section est de 706 millimètres carrés, et qu'on lui impose un travail maximum de 12 kilos, son travail total, quelle que soit sa longueur, sera de $706 \times 12 = 8472$ kilos et sa limite d'élasticité de $706 \times 25 = 17650$ kilos.

La Commission du béton armé, dans ses expériences, a trouvé que le coefficient d'adhérence par centimètre carré était, à 72 jours de fabrication du béton (p. 96), de 16 kilos, et à 6 mois de fabrication (p. 101), de 23 kilos. Elle a trouvé, en outre, qu'un béton armé de 10 ans (pp. 108 et 442) donnait un coefficient de 80 kilos par centimètre carré, ce qui établit que le coefficient d'adhérence croît avec l'âge du béton, de même que la résistance de celui-ci à l'écrasement.

D'autre part, nous avons mentionné dans le *Béton armé* de novembre 1906, les expériences du docteur Oswald Meyer, desquelles il résulte qu'une barre de métal brute de laminage donne une adhérence dont le coefficient peut être pratiquement évalué à 46 kilos par centimètre carré.

L'âge du béton n'est pas mentionné dans le compte rendu de ces expériences. C'est fâcheux, mais le chiffre s'intercalant entre ceux de 23 kilos et de 80 kilos trouvés par la Commission vient ajouter une nouvelle confirmation aux résultats trouvés.

En s'en tenant au coefficient du béton de 6 mois on voit que pour 1 mètre seulement de barre de 30 millimètres, dont le développement de surface adhérente est de 942 centimètres carrés, la résistance est de 21666 kilos, bien supérieure au travail demandé à la barre, même en supposant qu'elle travaille à sa limite d'élasticité.

Mais si la barre a 3, 5, 6 ou 8 mètres de longueur, à quel chiffre de résistance adhérente n'arrive-t-on pas ?

On voit combien est superflue la préoccupation de l'adhérence dans le béton armé, et par suite inutile, sinon nuisible, tout profil compliqué de l'armature qui ne peut que rendre la mise en œuvre et l'enrobage par le béton plus difficile.

La simplicité des procédés de construction français fait toute leur valeur. Qu'on ne s'expose point à la perdre en compliquant le travail sans raison sérieuse.

Il y aurait à mettre en lumière bien d'autres raisons pour montrer l'inutilité de la préoccupation de l'adhérence ; bornons-nous à indiquer la présence des armatures secondaires destinées à lutter contre l'effort tranchant qui apportent à la barre principale un supplément d'adhérence très appréciable.

# CHAPITRE III

---

## MATÉRIAUX A EMPLOYER

Pour qu'un ouvrage en ciment armé ait toute sa valeur, il faut d'abord que la disposition des armatures et le calcul des résistances aient été bien faits, mais en outre que les matériaux soient bien choisis et bien employés, ce qui peut se résumer en trois points :

Choix des armatures.
Choix des ciments, sables et graviers.
Perfection du gâchage et du pilonnage.

1° *Choix des armatures.* — Il est préférable d'employer des barres d'acier plutôt que des barres de fer. L'acier ne coûte pas plus cher que du fer de bonne qualité, à poids égal, mais, comme la résistance de l'acier à la rupture est presque double de celle du fer, l'emploi de l'acier permettra de diminuer considérablement la section et par suite le poids des barres employées : d'où économie sensible sur ces armatures. D'un autre côté, les armatures en acier étant moins encombrantes, on pourra diminuer les masses de béton qui les enrobent, d'où nouvelle économie de matière et diminution du poids mort de l'ouvrage tout en conservant une résistance égale à celle que l'on eût obtenue avec du fer. L'acier est aussi plus élastique que le fer ce qui augmente la sécurité de l'ouvrage et lui permet de supporter sans se rompre des déformations plus importantes (1).

L'avantage des fers ou aciers carrés ou profilés sur les fers ronds ne paraît pas démontrée et maintenant la plupart des constructeurs n'emploient que des barres rondes pour leurs armatures : ces barres coûtent moins cher que les autres, elles ont une meilleure résistance et le béton se répartit également autour d'elles et s'y pilonne facilement. Il est vrai qu'elles offrent moins de surface adhérente au béton que n'en donneraient les barres profilées, mais il est certain que l'adhérence du béton sur une barre d'une certaine longueur est toujours supérieure à la limite de rupture du métal ; la considération que le béton risque de ne pas pénétrer dans tous les angles des barres profilées donne aussi la préférence aux barres rondes.

Pour l'assemblage des barres rondes on se sert de fils de fer recuits, *non galvanisés*, qui se plient facilement sur les parties rondes et ne risquent pas de s'y couper.

Les barres carrées, méplates ou profilées s'assemblent de préférence avec des boulons ou rivets, des goussets en tôle, du feuillard ou du fil de fer recuit.

Les armatures doivent être réunies ensemble de

(1) L'acier *extra doux* employé pour la construction en béton armé de la couverture du bassin du Temple (Canal Saint-Martin à Paris) répond aux conditions suivantes :

| | | |
|---|---|---|
| Limite d'élasticité....... | 2200 à 2800 kil. par cmq. | |
| Rupture.............. | 4200 | — |
| Allongement........... | 22 0/0 | |

façon à constituer un *treillis* indéformable. Il faut veiller, quand on emploie le fil de fer pour lier des fers carrés ou profilés, à ce que les angles vifs des barres ne risquent pas de couper le fil de fer ni de lui imposer une torsion trop brusque qui pourrait le faire casser.

M. Cordeau signale que les angles vifs des profilés risquent de provoquer dans la masse du béton des *lignes probables de rupture* que l'on n'a pas à redouter avec les barres rondes.

2° *Choix des ciments, sables et graviers.* — Le ciment Portland à prise lente est préférable aux ciments de grappiers, qui se dessèchent trop vite. Dans le cas où l'on emploie les ciments de grappier, il faut absolument maintenir leur surface humide pendant une semaine au moins.

On doit exiger un ciment homogène, les ciments de grappiers présentent souvent des inégalités de composition et des traces de chaux non éteinte qui peuvent produire des soufflures dans la masse du béton et en se gonflant compromettre la solidité de l'ouvrage. Les ciments à prise rapide ont, suivant leurs provenances, des résistances trop variables ; ils prennent trop vite, ce qui oblige à les gâcher à la main, par petites quantités et un peu liquides, à les employer rapidement, ce qui nécessite des ouvriers spéciaux et habiles. Le Portland est donc le seul ciment à recommander pour les travaux en béton armé, voici quelques dosages :

300 kil. de ciment Portland.
0 mc.400 de sable de rivière.
0 mc 850  gravier lavé.

(Hennebique).

430 kil. de ciment Portland.
1 mètre cube de sable.

(Monier).

400 à 450 kil. de ciment Portland.
1 mètre cube de sable.
Pour murs à l'air.

700 à 800 kil. de ciment.
1 mètre cube de sable.
Pour parois minces de réservoirs.

1200 à 1300 kil. de ciment.
1 mètre cube de sable.
Pour dallages.

(Coignet et de Tedesco).

1000 kil. de ciment.
1 mètre cube de sable.
Pour enduits de réservoirs.

(Candlot).

Le sable et le gravier employés doivent être propres et surtout exempts de matières terreuses, argileuses ou organiques ; s'il en est autrement il faut d'abord les laver. La bonne qualité du sable se reconnaît au bruit de crissement qu'il fait entendre quand on le serre dans la main. Il faut choisir du sable à grains mélangés de 1 à 4 millimètres de diamètre ; le sable pulvérulent ne vaut rien, il donne des mortiers peu résistants. Le gravier varie selon le genre de travail, de la grosseur d'une noisette à celle d'un œuf de poule. Pour les travaux minces on n'emploie que du sable à gros grains mêlés d'un tiers de grains fins.

3° *Perfection du gâchage et du pilonnage.* — De la manière de gâcher et de pilonner le béton dépendent sa dureté et la résistance après la prise. Le mortier doit être gâché avec très peu d'eau, de manière à former une pâte à peine humide et parfaitement homogène, ce qui ne s'obtient que par un malaxage à bras ou à la machine suffisamment prolongé. Le mélange du mortier avec les graviers doit être aussi intime que possible.

La matière gâchée est employée immédiatement c'est-à-dire qu'il ne faut gâcher qu'au moment où l'on est prêt à utiliser le mortier, les coffrages et les armatures étant en place et les ouvriers prêts à pilonner.

Le pilonnage se fait au fur et à mesure que le mortier est apporté dans les coffrages ; ce pilonnage doit être fait *fortement*, *également* et surtout contre les armatures, dans les angles rentrants, dans les coins des coffrages en veillant à ce qu'aucune partie du béton ne soit oubliée dans cette opération.

Il faut prendre soin que le béton pénètre partout *entre les armatures* et les enrobe de tous côtés, car le fer n'est à l'abri de la rouille, c'est-à-dire de la destruction, que s'il est entièrement enrobé par le ciment et que ce dernier adhère avec lui : c'est pourquoi, dans certains travaux soignés, on commence par badigeonner les armatures avec un coulis de ciment pur qui facilite l'adhérence du mortier.

Pour pilonner on emploie les dames et pilons ordinaires, les fiches à dents pour faire pénétrer le mortier dans tous les coins du coffrage et toute une série de petits pilons ou barres de bois armées de fer qui servent à pilonner dans les coins et entre les armatures et les coffrages. Certains murs en béton armé n'ont pas plus de 5 ou 6 centimètres d'épaisseur, il ne reste donc guère plus de 2 centimètres entre l'armature et la paroi du coffrage : ici le pilonnage ou plutôt le refoulement du béton ne peut guère se faire qu'avec des fiches à dents ou sans dents, en fer, emmanchées à un manche en bois.

Il est bien entendu que les coffrages ne doivent pas céder sous l'effort du pilonnage, ce qui ôterait la valeur de cette opération.

# CHAPITRE IV

## DOCUMENTS OFFICIELS
## SUR L'EMPLOI DU BÉTON ARMÉ

### *Circulaire ministérielle du 20 octobre 1906.*

En présence du développement des applications du béton armé, le Ministère des Travaux publics a jugé qu'il était nécessaire de faire connaître aux ingénieurs les conditions générales, moyennant lesquelles les constructions faites avec cette matière nouvelle présentent les mêmes caractères de stabilité et offrent au public les mêmes garanties de sécurité que celles qui sont édifiées avec les matériaux anciennement éprouvés.

La question a fait l'objet de longues études et de recherches expérimentales qui se sont poursuivies durant trois années, pour aboutir au dépôt d'un rapport dont le Conseil général des Ponts et Chaussées a été saisi, et qu'il a renvoyé à une Commission spéciale composée d'inspecteurs généraux.

Sur le rapport de cette Commission, en date du 20 juillet 1906, et après une discussion approfondie, le Conseil général des Ponts et Chaussées a adopté un projet d'instructions applicables à l'emploi du béton armé dans les ouvrages dépendant du Ministère des Travaux publics.

Ces instructions, approuvées par le Ministre, sont conformes à l'état actuel de nos connaissances en la matière, mais seront sans doute à reprendre, lorsque l'expérience des chantiers et des laboratoires, et une plus longue carrière du béton armé, auront fourni, en ce qui le concerne, des données plus certaines que celles que l'on possède aujourd'hui.

L'ensemble de ces instructions comprend trois parties distinctes :

1º Les instructions générales proprement dites ;

2º Les explications détaillées de ces instructions ;

3º Le rapport de la Commission spéciale dont il a été question ci-dessus.

Nous allons reproduire successivement ces trois parties.

*\*\**

*Instructions relatives à l'emploi du béton armé.*

I. — *Données à admettre dans la préparation des projets.*

A. *Surcharges.* — Article premier. — Les ponts en béton armé seront établis de manière à pouvoir supporter les surcharges verticales et les actions du vent imposées aux ponts métalliques de mêmes destinations par le règlement du 29 août 1891.

Art. 2. — Les combles en béton armé seront, sauf exception justifiée, soumis, au point de vue des surcharges, au règlement du 17 février 1903, relatif aux halles métalliques des chemins de fer.

Art. 3. — Les planchers et autres parties des bâtiments, les murs de soutènement, les murs de réservoirs, les conduites sous pression et tous autres ouvrages intéressant la sécurité publique seront calculés en vue des plus grandes surcharges qu'ils auront à supporter en service.

B. *Limites de travail ou de fatigue.* — Art. 4. — La limite de fatigue à la compression du béton armé à admettre dans les calculs de résistance des ouvrages ne devra pas dépasser les vingt-huit centièmes (0,28) de la résistance à l'écrasement acquise par le béton non armé de même composition, après quatre-vingt-dix jours de prise.

La valeur de cette résistance mesurée sur des cubes de vingt centimètres de côté sera spécifiée au devis de chaque projet.

Art. 5. — Lorsque le béton sera fretté ou lorsque les armatures transversales ou obliques qu'il portera seront disposées de manière à s'opposer plus ou moins efficacement à son gonflement sous l'influence de la compression longitudinale qu'il supporte, la limite de fatigue à la compression prévue à l'article précédent pourra être majorée dans une mesure plus ou moins large suivant le volume et le degré d'efficacité des armatures transversales, sans que la nouvelle limite puisse, quel que soit le pourcentage du métal employé, dépasser les soixante centièmes (0,60) de la résistance à l'écrasement du béton non armé telle qu'elle est définie à l'article 4.

Art. 6. — La limite de fatigue au cisaillement, au glissement longitudinal du béton sur lui-même et à son adhérence sur le métal des armatures sera prévue égale à dix centièmes (0,10) de celle spécifiée à l'article 4 pour la limite de fatigue à la compression.

Art. 7. — La limite de fatigue tant à l'extension qu'à la compression qui ne pourra pas être dépassée

3

pour le métal employé aux armatures est la moitié de sa limite apparente d'élasticité telle qu'elle sera définie au devis de chaque projet. Toutefois, pour les pièces supportant des chocs ou soumises à des efforts de sens alternés, telles que les hourdis, cette limite sera réduite aux quarante centièmes (0,40) au lieu de moitié de la limite apparente d'élasticité.

Art. 8. — Pour les pièces soumises à des efforts très variables, les limites de travail ci-dessus définies seront abaissées d'autant plus que les variations seront plus grandes, sans que la diminution exigée puisse être de plus de 25 p. 100.

Les limites de travail seront également abaissées pour les pièces soumises à des causes de fatigue ou d'affaiblissement dont les calculs de résistance n'ont pas tenu compte, notamment à des actions dynamiques, comme celles que supportent les pièces placées directement sous les rails des voies ferrées.

## II. — Calculs de résistance

Art. 9. — Dans les calculs de résistance des ouvrages en béton armé, il sera tenu compte non seulement des plus grandes forces extérieures, y compris les actions du vent et de la neige, que ces ouvrages pourront avoir à supporter, mais aussi des effets thermiques et de ceux du retrait du béton, toutes les fois qu'il ne s'agira pas d'ouvrages librement dilatables dans le sens théorique du mot ou de ceux que l'expérience permet de regarder approximativement comme tels.

Art. 10. — Les calculs de résistance seront faits selon des méthodes scientifiques appuyées sur les données expérimentales et non par des procédés empiriques. Ils seront déduits soit des principes de la résistance des matériaux, soit de principes offrant au moins les mêmes garanties d'exactitude.

Art. 11. — La résistance du béton à l'extension sera mise en compte dans le calcul des déformations. Mais pour déterminer la fatigue locale dans une section quelconque, cette résistance sera regardée comme nulle dans la section.

Art. 12. — Pour les pièces comprimées, on s'assurera qu'elles ne sont pas exposées à flamber. Toutefois, on pourra s'en dispenser pour les pièces dont l'élancement (rapport de la hauteur à la plus faible dimension transversale) est inférieur à 20 et dont la fatigue à la compression ne dépasse pas la limite définie par l'article 4.

Art. 13. — Le devis devra indiquer les qualités et dosage des matières entrant dans la composition du béton ; quant à la proportion d'eau à employer pour le gâchage, elle devra être surveillée avec soin et strictement suffisante pour donner au béton la plasticité nécessaire pour le bon enrobage des armatures et le remplissage de tous les vides.


III. — *Exécution des Travaux.*


Art. 14. — Les coffrages ainsi que l'arrimage des armatures présenteront une rigidité suffisante pour résister sans déformation sensible aux charges et aux chocs qu'ils seront exposés à subir pendant l'exécution du travail et jusqu'au décoffrage et aux décintrements exclusivement.

Art. 15. — Sauf dans le cas exceptionnel où le ciment serait coulé, il sera toujours à prise lente et damé avec le plus grand soin par couches dont l'é-

paisseur sera en rapport avec les dimensions des matériaux employés et les intervalles des armatures et ne
dépassera pas 0,05 m. après damage, à moins qu'on
n'emploie des cailloux.

Art. 16. — Les distances des armatures entre elles
et aux parois des coffrages seront telles qu'elles permettent le parfait damage du béton et son serrage
entre les armatures. Ces dernières distances, même
quand on n'emploie que du mortier sans gravier ni
cailloux, devront toujours être d'au moins 15 à 20 mm.
de façon à mettre les armatures à l'abri des intem-
péries.

Art. 17. — Lorsqu'on emploiera, pour les armatures, des fers profilés et non des barres rondes, on
prendra des dispositions spéciales pour que leur enrobage se fasse parfaitement sur tout leur périmètre
et notamment dans les angles rentrants.

Art. 18. — Lorsque l'exécution d'une pièce aura
été interrompue, ce qu'on évitera autant que possible,
on nettoiera à vif et on mouillera l'ancien béton assez
longtemps pour qu'il soit bien imbibé avant d'être
mis en contact avec du béton frais.

Art. 19. — En temps de gelée le travail sera inter-
rompu si l'on ne dispose pas de moyens efficaces pour
en prévenir les effets nuisibles.

A la reprise du travail on opèrera la démolition de
tout ce qui aura subi les atteintes de la gelée, puis on
procédera comme il est dit à l'article précédent.

Art. 20. — Pendant quinze jours au moins après
son exécution, l'on entretiendra dans le béton l'humidité nécessaire pour en assurer la prise dans de
bonnes conditions.

Le décoffrage et le décintrement seront faits sans
chocs, par des efforts purement statiques et seulement
après que le béton aura acquis la résistance néces-

saire pour supporter sans dommage les effets auxquels il est soumis.

## IV. — *Epreuve des ouvrages.*

Art. 21. — Les ouvrages en béton armé qui intéressent la sécurité publique seront éprouvés avant d'être mis en service. Les conditions des épreuves ainsi que les délais de mises en service seront insérés au cahier des charges. Les flèches maximum que les ouvrages ne devront pas dépasser seront aussi, du moins autant qu'on le pourra, insérées au cahier des charges.

L'âge que le béton devra avoir au moment des épreuves sera de même fixé par le cahier des charges. Il sera d'au moins 90 jours pour les grands ouvrages, de 45 jours pour les ouvrages de moyenne importance et de 30 jours pour les planchers.

Art. 22. — Les ingénieurs profiteront des épreuves pour faire non seulement toutes les mesures de déformation ou de vérification des conditions du cahier des charges, mais aussi autant que possible celles qui peuvent intéresser la science de l'ingénieur.

Pour les ouvrages de quelque importance on emploiera des appareils enregistreurs.

Art. 23. — Les ponts en béton armé seront éprouvés de la manière prescrite pour les ponts métalliques par le règlement du 29 août 1891.

S'il paraissait convenable d'apporter certaines dérogations aux prescriptions de ce règlement, elles devront être justifiées et insérées au cahier des charges.

Art. 24. — Les combles seront éprouvés de la manière prescrite par le règlement du 17 février 1903 sauf dérogations à justifier.

Art. 25. — Les planchers seront soumis à une épreuve consistant à appliquer les charges et surcharges prévues soit à la totalité du plancher, soit au moins à une travée entière.

Les surcharges devront rester en place pendant 24 heures au moins. Les flèches ne devront plus augmenter au bout de 15 heures.

Paris, le 20 octobre 1906.

*Le Ministre des Travaux publics,*
*des Postes et des Télégraphes,*
Louis BARTHOU.

*Explications ayant pour objet de préciser le sens et la portée des instructions qui précèdent.*

I. — *Données à admettre dans la préparation des projets.*

A. *Surcharges.* — Art. 1, 2, 3. — De ces trois articles, les deux premiers se justifient d'eux-mêmes.

Le troisième, qui prescrit que les ouvrages qu'il vise seront calculés en vue des plus grandes surcharges qu'ils auront à supporter en service, semble inutile, puisque tout ouvrage doit être établi et, par conséquent, calculé en vue de sa destination. C'est bien ce qui a lieu pour les ouvrages métalliques ou autres qui ont précédé le ciment armé. On les calcule en vue des charges effectives les plus grandes auxquelles on prévoit qu'ils pourront être soumis avec un coefficient de sécurité convenable, c'est-à-dire de façon telle que sous l'effet de ces charges, les forces élastiques n'atteignent qu'une fraction déterminée de celles qui seraient capables de produire la rupture.

Pour les constructions en béton armé, certains spécialistes préconisent une autre marche. Elle consisterait non pas à chercher les forces élastiques déterminées par les surcharges effectives, mais à chercher dans quelle proportion il faudrait amplifier fictivement ces surcharges pour provoquer la rupture, et c'est le coefficient d'amplification qui serait, en ce cas, le coefficient de sécurité.

Cette procédure, qui peut avoir son intérêt, semble pourtant ne pas devoir offrir de suffisantes garanties parce que jamais un ouvrage ne périt par amplification proportionnelle des charges qu'il a à supporter. La chute d'un ouvrage arrive soit par une cause accidentelle, soit par quelque mal interne dont le développement finit par être fatal.

Dans ces conditions, il semble convenable de calculer les ouvrages en béton armé comme les autres pour les charges effectives les plus défavorables qu'ils pourront avoir à supporter et avec des coefficients de sécurité suffisants pour que ces charges ne puissent, à aucun degré, les mettre en danger.

Ces calculs sont obligatoires. Mais si les ingénieurs trouvent utile d'y joindre des calculs établis dans l'hypothèse de majorations des charges réelles afin de se rendre compte des charges virtuelles qui provoqueraient la rupture, ils sont libres de le faire et d'exposer les conséquences qu'ils croiront pouvoir en tirer.

B. *Limites de travail et de fatigue.* — Art. 4. — La limite de fatigue à la compression fixée aux 28/100 de la résistance à l'écrasement du béton non armé, après 90 jours de prise, est notablement plus élevée que celle généralement admise par les règlements étrangers. Les chiffres résultant de ces derniers règlements

conduiraient plutôt à admettre comme limite de
fatigue à la compression d'un béton armé, le quart de
la résistance à l'écrasement du béton similaire non
armé après 28 jours de prise.

Or, si on compare les deux règles pour les trois sortes
de bétons armés, expérimentés par la Commission des
ciments armés, on arrive aux résultats ci-après :

La Commission a expérimenté des bétons formés
de 400 litres de sable, 800 litres de gravier, avec ciment de Portland, aux dosages variant de 250 à 600 kilogrammes.

Elle a reconnu qu'on peut compter sur les résistances suivantes en kilogrammes, par centimètre
carré, respectivement pour les dosages de 300, 350
et 400 kilogrammes.

Au bout de 28 jours :

(a)        107 kg.        120 kg.        133 kg.

Au bout de 90 jours :

(b)        160 kg.        180 kg.        200 kg.

Si donc on admettait comme limites de fatigue le
1/4 des résistances (a), on trouverait respectivement :

27 kg.        30 kg.        33 kg.

Si, au contraire, suivant l'article 4 de l'instruction,
on adopte les 28/100 des résistances (b) ,on trouve :

44,8 kg.        50,4 kg.        56 kg.

chiffres notablement supérieurs aux précédents. On
voit donc qu'à ce point de vue l'article 4 est beaucoup
plus hardi que les règlements étrangers. Mais ces règlements sont plus ou moins anciens et il est vraisemblable que s'ils viennent à être refaits, en tenant
compte des constructions existantes et des qualités
qu'y montre le béton armé, on en modifiera les pres

criptions dans le sens où elles se trouvent modifiées par l'article 4 lui-même.

L'industrie privée qui, en France plus qu'ailleurs, se règle sur les préceptes administratifs, même pour les constructions privées, a à gagner à la hardiesse des prescriptions de l'article 4, qu'elle appliquera d'ailleurs sous sa responsabilité.

Les ingénieurs de l'Etat ne sont pas tenus d'aller jusqu'à l'extrême limite de ce que permet le règlement. Ils peuvent se tenir au-dessous. Ils doivent d'ailleurs se rappeler que la sécurité d'un ouvrage en béton armé n'est assurée, quelles que soient les limites de fatigue adoptées dans les calculs, que par la perfection des matériaux employés, leur dosage mathématique et le soin apporté dans leur emploi. Leur surveillance doit donc être plus stricte encore pour les ouvrages en béton armé que pour ceux qu'ils construisent habituellement.

Art. 5. — Il convient d'encourager l'emploi judicieux du métal, non seulement comme armature longitudinale, mais aussi dans le sens transversal ou oblique, de façon à empêcher le gonflement du béton sous l'influence des compressions longitudinales auxquelles il peut être soumis. Sa résistance à l'écrasement augmente ainsi dans des proportions considérables et qui atteignent, lorsque l'armature transversale va jusqu'à un frettage suffisamment serré, des proportions qu'on n'eût pas pu prévoir avant que l'expérience les ait fait connaître. Il est donc naturel d'augmenter aussi la limite de fatigue à admettre suivant le volume et la disposition des armatures transversales ou obliques. Il serait difficile de donner à cet égard une indication absolue. Quelques expériences de laboratoire ou de chantier faites comparativement sur des bétons sans armature transversale et les mêmes avec de telles armatures, en indiquant l'augmentation de résistance à l'écrasement obtenue par ces dernières, permettront de déterminer l'augmentation correspondante qu'on pourrait, sans danger, adopter pour la limite de fatigue. Toutefois, les expériences faites par la Commission du ciment permettent, faute de mieux, d'admettre que les armatures transversales et les frettages multiplient la résistance à l'écrasement d'un prisme de béton par un coefficient :

$$1 + m' \frac{V'}{V}$$

V' étant le volume des armatures transversales ou obliques et V le volume du béton pour une même longueur du prisme ; $m'$ est un coefficient variable avec le degré d'efficacité des liaisons établies entre les barres longitudinales. Lorsque ces liaisons consistent en ligatures transversales, formant des rectangles en projection sur une section transversale du prisme, le coefficient $m'$ peut varier de 8 à 15, le minimum se rapportant au cas où l'espacement des armatures transversales atteint la plus faible dimension transversale de la pièce considérée, et le maximum lorsque ledit espacement descend au tiers au plus de cette dimension.

Lorsque les armatures transversales consistent en un frettage formé par des spires plus ou moins serrées, le coefficient $m'$ peut varier de 15 à 32. Le minimum serait à appliquer lorsque l'écartement des frettes atteindrait les 2/5e de la plus petite dimension transversale de la pièce considérée et le maximum lorsque cet écartement atteindrait :

1/5e de ladite dimension pour une compression longitudinale de 50 kilogrammes par centimètre carré.

1/8e de ladite dimension pour une compression de 100 kilogrammes par centimètre carré.

Les indications qui précèdent sont soumises à la réserve essentielle, formulée à l'article 5, qu'en aucun cas, quel que soit le pourcentage du métal et quelle que soit la valeur du coefficient $1 + m'\dfrac{V'}{V}$, la limite de fatigue à admettre ne pourra dépasser les 0,60 de la résistance du béton non armé telle qu'elle est définie à l'article 4. Cette disposition a pour effet de se tenir, dans tous les cas, à une limite de fatigue qui ne dépasse pas la moitié de la pression qui commence à provoquer la fissuration superficielle du béton armé et qui, d'après les expériences de la Commission du ciment armé, dépasse, suivant les cas, de 25 à 60 p. 100 celle qui produit l'écrasement du béton non armé.

## II. — *Calculs de résistance.*

Art. 9. — Se justifie de lui-même.

Art. 10. — Cet article a pour objet d'écarter les procédés de calcul purement empiriques. Les principes de la résistance des matériaux fournissent ici, comme pour les constructions ordinaires, des solutions plus sûres. L'expérience, dans les limites où elle s'est révélée jusqu'ici, conduit à admettre que le principe de Navier relatif à la déformation plane des sections transversales peut encore être appliqué ici.

Combiné avec le principe de la proportionnalité des efforts aux déformations, il suffit dans le cas des pièces soumises à des compressions. Il suffit de remplacer chaque section hétérogène par une section fictive ayant même masse que la section hétérogène réelle, en attribuant aux parties de la section formées par le béton une densité 1 et aux parties formées par les armatures longitudinales une certaine densité $m$ (1).

Théoriquement, cette densité $m$ serait le rapport :

(1)
$$m = \frac{E_a}{E_b}$$

du module d'élasticité $E_a$ du métal de l'armature au module d'élasticité $E_b$ du béton. Ce rapport, dans les limites de charges admises par l'article 4, est d'environ 10. Il s'accroît avec les charges du béton et peut doubler ou tripler au moment de la rupture si elle a lieu par écrasement du béton ; il diminuera, au contraire, si la rupture avait lieu par excès de charge de l'armature.

Ce fait suffirait à montrer combien incertains seraient les calculs de résistance basés sur la majoration fictive, jusqu'à rupture, des charges réelles, dont il a été parlé plus haut (art. 3).

En tout cas, les expériences sur le module $E_b$ portent sur du béton non armé. Dans quelle mesure le rapport $m$, qu'on en déduit, reste-t-il applicable au béton armé ? Cela peut dépendre du degré de facilité que l'on a pour le damer dans toutes ses parties, pour l'enrober autour du métal, etc.

Il est donc préférable de regarder le coefficient $m$ comme résultant de l'expérience et pouvant, dans une pièce à armatures complexes (longitudinales et trans-

(1) Les armatures transversales n'ont pas à intervenir ici. Leur rôle essentiel se trouve déjà pris en considération par la majoration (art. 5) qu'elle permettent d'attribuer à la limite de fatigue du béton. C'est en effet dans l'augmentation de la résistance à l'écrasement, due à ce qu'elles s'opposent au gonflement transversal, que réside leur principale efficacité.

versales), ne pas représenter exactement le rapport des modules d'élasticité du métal et du béton expérimentés séparément.

On pourra admettre que ce coefficient peut varier de 8 à 15. Le minimum s'appliquera lorsque les barres longitudinales auront un diamètre égal au dixième (1/10e) de la plus petite dimension de la pièce, des ligatures ou entretoises transversales espacées de cette dernière dimension et des abouts peu éloignés des surfaces libres du béton. Le maximum s'appliquera lorsque le diamètre des barres longitudinales ne sera que le vingtième (1/20e) de la plus petite dimension de la pièce, et l'espacement des ligatures ou armatures transversales, le tiers de cette même dimension.

La plupart des auteurs admettent pour *m* une valeur fixe et qui souvent est prise égale à 15. On attribue sans doute ainsi, dans beaucoup de cas, au métal, une part de résistance supérieure et au béton une part inférieure à celles qui se produisent réellement. Il s'ensuit qu'on peut avoir des déboires en ce que la compression du béton est, en fait, supérieure à celle qu'on a admise et que le coefficient de sécurité, en ce qui le concerne, est inférieur à celui qu'on voudrait admettre.

En faisant varier *m* entre un maximum de 15 et un minimum de 8, suivant les dispositions des armatures, tant longitudinales que transversales, on serre de plus près la réalité et on compense ainsi en partie le coefficient de fatigue un peu élevé autorisé par l'article 4.

Une fois le coefficient *m* choisi, les formules à appliquer peuvent aisément se mettre sous la forme classique qui convient à un solide homogène.

a. *Compression simple.* — On considère la section homogène fictive $\Omega$ donnée par la relation

$$(2) \qquad \Omega = \Omega b + m\, \Omega a$$

$\Omega b$ étant l'aire de la section en béton et $\Omega a$ l'aire totale des sections faites dans les armatures métalliques longitudinales. Comme cette dernière est faible par rapport à la première, on confond souvent $\Omega b$ avec la section totale $\Omega b + \Omega a$ de la pièce.

Si N est la compression totale qui agit normalement à la section, on aura pour la pression, par unité de surface $Rb$ que supporte le béton et celle $Ra$ que supportent les armatures :

$$(3) \qquad Rb = \frac{N}{\Omega}, \qquad Ra = m\,\frac{N}{\Omega}.$$

Si $Rb$ est donné, on en conclut $\Omega$ et, par suite à l'aide de (2) d'après la forme réelle de la pièce, la section totale $\Omega a$ des armatures ou le pourcentage :

$$\frac{\Omega a}{\Omega b}.$$

b. *Compression avec flexion.* — Si la compression totale N n'est pas uniformément répartie, il convient de faire intervenir, outre l'aire $\Omega$ de la section fictive, son centre de gravité et son moment d'inertie relatif à l'axe transversal à la flexion passant par son centre de gravité, par les formules suivantes :

$$(4) \qquad \Omega Y = \Omega b\, Yb + m\Omega a\, Ya ;$$
$$(5) \qquad I = Ib + m\, Ia.$$

La figure 1 ci-dessous représente un schéma de la section considérée supposée symétrique par rapport à un axe Y'Y. Le centre de gravité cherché de la section fictive $\Omega$ est G ; celui des armatures métalliques connu est $G_a$, celui du béton également connu est $G_b$. On déduit les positions de ces points par leurs ordonnées respectives :

$$Y = GK, \qquad Y_b = G_b K, \qquad Y_a = G_a K$$

comptées à partir d'un axe $x'x$ choisi à volonté, ces ordonnées étant, s'il y a lieu, comptées positivement d'un côté convenu de $x'x$ et négativement du côté opposé.

La formule (2) donne $\Omega$ ; puis la formule (4) donne l'ordonnée Y du centre de gravité G de $\Omega$. Enfin, l'axe

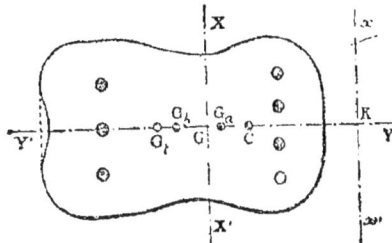
Fig. 1.

XGX' étant ainsi connu, on connaît les moments d'inertie $I_b$ et $I_a$ des sections géométriques du béton et des armatures longitudinales par rapport à cet axe et, par suite, la formule (5) donne le moment d'inertie I de la section fictive $\Omega$ par rapport à ce même axe.

Nous avons dit plus haut qu'on confond souvent la section $\Omega_b$ du béton avec la section totale $\Omega_t = \Omega_b + \Omega_a$ de la pièce. Si on ne veut pas le faire, les formules (2), (4), (5) peuvent s'écrire d'une façon plus commode dans la pratique en y introduisant, au lieu de la section $\Omega_b$ du béton, la section totale

$$\Omega_t = \Omega_b + \Omega_a,$$

et, par suite, au lieu du centre de gravité $G_b$ du béton, celui $G_t$ de cette section totale et, enfin, au lieu du moment d'inertie $I_b$ de la section du béton relativement à l'axe X'X, le moment d'inertie $I_t$ de la section totale, relativement à un axe parallèle à X'X passant par le centre de gravité $G_t$.

Les formules deviennent alors :

(2')
$$\Omega = \Omega t + (m-1)\,\Omega a \; ;$$

(4')
$$\Omega Y = \Omega t \; Yt + (m-1)\,\Omega a \; Ya \; ;$$

(5')
$$I = It + \Omega t\,(Y - Yt)^2 + (m-1)\;Ia.$$

A présent si N est la pression totale et M le moment de flexion, c'est-à-dire la somme des moments des forces extérieures agissant sur la section considérée relativement au centre de gravité G, de la section fictive, on aura pour la pression par unité de surface $n_b$ agissant sur le béton à une distance quelconque $v$ de l'axe X'X :

(5)
$$n_b = \frac{N}{\Omega} + \frac{M}{I}\,v,$$

et si au point considéré se trouvait une armature, la pression qu'elle supporterait serait :

(6)
$$n_a = mn_b.$$

Dans ces formules, la distance $v$ est comptée positivement du côté où le moment de flexion produit une compression et négativement du côté opposé. Si le moment de flexion autour de l'axe X'X, est compté positivement de gauche à droite pour un observateur placé suivant X'X, la tête en X', les pieds en X, alors les distances $v$ doivent être comptées positivement pour les points de la section situés à droite de X'X et négativement pour ceux de gauche.

Si on appelle $v_b$ la distance à X'X de la fibre extrême de droite et $v_{1b}$ la *valeur absolue* de la même distance pour la fibre extrême de gauche, la plus grande compression du béton $R_b$ par unité de surface sera :

(7)
$$R_b = \frac{N}{\Omega} + \frac{M}{I} \wp_b.$$

Sa compression la plus faible $R_{1b}$ sera :

(7₁)
$$R_{1b} = \frac{N}{\Omega} - \frac{M}{I} \wp_{1b}.$$

En remplaçant l'indice $b$ par $a$ pour les armatures, les valeurs extrêmes de la compression pour les armatures seront :

(8)
$$R_a = m \left[ \frac{N}{\Omega} + \frac{M}{I} \wp_a \right];$$

(8₁)
$$R_{1a} = m \left[ \frac{N}{\Omega} + \frac{M}{I} \wp_{1a} \right].$$

Ces formules supposent essentiellement qu'il y a compression partout, c'est-à-dire que la valeur $R_{1b}$ et, par suite, celle $R_{1a}$ sont positives. Si $R_{1b}$ était négatif, on n'aurait plus le droit de les appliquer parce que les lois de la traction du béton diffèrent essentiellement de celles qui régissent sa compression. Il faudrait alors procéder comme il sera indiqué plus loin.

Si on connaît la pression totale N, non seulement en grandeur mais en position, c'est-à-dire si on connaît la position de son point d'application (centre de pression) définie par sa coordonnée $\wp_0$ par rapport à l'axe X'X, on en déduirait, par définition :

(9)
$$M = N\wp_0,$$

et si on posait

(10)
$$1 = \Omega r^2.$$

4

$r$ étant ainsi le rayon de giration de la section fictive $\Omega$ relativement à l'axe X'X, on aurait

$$(11) \qquad n_b = \frac{N}{\Omega}\left(1 + \frac{v_0\,v}{r^2}\right).$$

L'axe neutre serait obtenu en annulant la valeur de $n_b$, c'est-à-dire par la formule

$$(12) \qquad 1 + \frac{v_0\,v'}{r^2} = 0.$$

en appelant $v'$ la valeur de $v$ qui définit la position de cet axe.

La formule $(7_1)$ devient avec ces nouvelles notations

$$(13) \qquad R_{1b} = \frac{N}{\Omega}\left(1 - \frac{v_0\,v_{1b}}{r^2}\right).$$

La comparaison des deux dernières formules indique, comme cela doit être, qu'il n'y a compression partout que si l'axe neutre tombe hors de la section, soit :

$$- v' > v_{1b}.$$

Ce qui précède suppose que l'on connaît pour chaque section les valeurs de N et de M. Ce sera le cas pour une colonne portant une charge centrée (c'est-à-dire appliquée au centre de gravité G de la section fictive, d'où $M = 0$), ou excentrée ($M = Nv_0$). Ce sera encore le cas d'un barrage où la courbe des pressions donne précisément N et $v_0$ pour chaque section.

Lorsque la statique ne fournit pas directement ces valeurs, comme dans un arc de pont, on procédera comme il va être indiqué dans le cas de beaucoup le plus général où les pièces travaillent à la fois à la compression et à l'extension, celui qui justifie vraiment l'emploi des armatures, et ceci nous amène tout naturellement à ce cas général visé par les articles 11 et 12 de l'instruction.

Art. 11. — Cet article dit que, dans les calculs de déformation, on mettra en compte la résistance à l'extension du béton.

On peut avoir à calculer la déformation en elle-même, notamment pour prévoir la flèche que prendra un ouvrage. Mais, en tous cas, on aura à faire usage des formules de déformation pour connaître dans chaque section, la compression N de la *fibre moyenne* (lieu des centres de gravité G des sections fictives Ω), le moment de flexion M et l'effort tranchant T, lorsque la statique ne les fournit pas.

Par définition N et T sont les composantes normale et tangentielle des forces extérieures, y compris la réaction de l'appui, qui agissent d'un côté convenu de la section et M est la somme des moments de ces mêmes forces extérieures par rapport au point G.

Si l'une des extrémités de la pièce à étudier est libre (colonnes) ou si la statique fournit la réaction d'un appui (poutre à deux appuis sans encastrement), les forces N et T et le couple M sont connus, *en toute rigueur* ; on pourra se passer de toute formule de déformations et, par conséquent, de toute hypothèse pour les déterminer. L'article 11 n'intervient pas pour cet objet.

Mais dans le cas des poutres encastrées ou de poutres à plusieurs travées ou d'arcs travaillant à l'extension, ce qui est le cas général des arcs en béton armé, on devra appliquer l'article 11, et, par conséquent, l'interpréter.

L'administration acceptera l'interprétation faite

selon l'usage courant jusqu'ici, bien qu'il soit peu correct, et qui consiste à attribuer au béton, travaillant à l'extension, le même coefficient d'élasticité que quand il travaille à la compression.

Une fois cette hypothèse admise, les formules établies plus haut, sous la restriction essentielle qu'il n'y a travail qu'à la compression, deviennent générales.

Or, on voit aisément que ces formules, grâce à l'intervention des éléments de la section fictive $\Omega$, ramènent le problème de la résistance d'une pièce en béton armé, c'est-à-dire d'une pièce hétérogène, à celui de la résistance d'une pièce homogène fictive. Dès lors, tous les résultats généraux et classiques obtenus dans ce dernier cas s'étendent au premier, et, par conséquent, pour avoir les valeurs de N, M, T dans le cas d'un arc, celles de M, T dans le cas d'une poutre chargée transversalement où $N = 0$, ainsi que les réactions des appuis, il suffira, dans chaque cas, d'adopter les valeurs bien connues qui se rapportent aux pièces homogènes.

Ainsi, si on a une poutre en béton armé de portée $l$ encastrée à ses deux extrémités et portant une charge uniforme de $p$ kilogrammes par mètre courant, on admettra que, pour une poutre homogène, le plus grand moment de flexion se produira à l'encastrement et aura pour valeur :

$$\frac{pl^2}{12}$$

et que le moment de flexion au milieu, de signe contraire au précédent, sera en valeur absolue :

$$\frac{pl^2}{24}.$$

Si l'encastrement est partiel, on adoptera, au lieu de la valeur ci-dessus, une valeur intermédiaire entre elle et celle $\frac{pl^2}{8}$, qui se rapporte à la poutre à appuis simples, par exemple $\frac{pl^2}{10}$.

De même, si on a une poutre à plusieurs travées qui seront généralement égales, il suffira de prendre dans les traités ou manuels de résistance des matériaux, les valeurs toutes calculées des moments de flexion, efforts tranchants et réactions des appuis se rapportant à des pièces homogènes ou, si on se trouve dans des cas spéciaux, de calculer ces valeurs comme s'il s'agissait de pièces homogènes.

De même, enfin, s'il s'agit d'un arc, on se servira des tables de Bresse relatives aux arcs homogènes pour avoir la poussée s'il s'agit d'un arc à deux rotules, de celles que M. l'ingénieur Pigeaud a récemment publiées dans les *Annales des Ponts et Chaussées* s'il s'agit d'un arc encastré et on choisira une valeur intermédiaire entre celles fournies par ces deux tables, si on juge qu'on a un encastrement partiel.

Dans les cas spéciaux, on calculera directement la poussée selon la formule classique se rapportant aux pièces homogènes.

Une fois la poussée connue, comme les réactions verticales se déduisent de la statique pure, on aura toutes les données nécessaires pour déterminer M, N et T graphiquement ou par le calcul pour chacune des sections qu'on voudra étudier.

*Interprétation plus correcte.* — On peut mettre en compte la résistance à l'extension du béton d'une façon plus satisfaisante, en admettant comme résul-

tant de diverses expériences, le principe ci-après :
le coefficient d'élasticité du béton armé à l'extension
ne conserve une valeur sensiblement constante que
jusqu'à la limite de la résistance à l'extension du
béton similaire non armé ; à partir de là, il devient en quelque sorte plastique, c'est-à-dire qu'il
s'allonge par suite de sa connexion avec l'armature, mais sans que sa tension limite se modifie. Il
n'y a pas de difficulté théorique à constituer une
résistance des matériaux complète édifiée sur cette
hypothèse jointe à celle de Navier relative à la
déformation plane des sections transversales. Mais
les calculs deviennent beaucoup plus complexes.

Il sera naturellement loisible aux ingénieurs d'utiliser cette manière de faire s'ils la jugent plus satisfaisante.

De quelque manière que l'on ait déterminé les
valeurs du moment de flexion M, de l'effort tranchant
T et de la compression de la fibre moyenne N (laquelle est nulle dans les pièces droites chargées transversalement), on devra ensuite en tirer, au moins dans
les sections les plus fatiguées, la fatigue locale. Dans
cette recherche, l'article 11 prescrit de faire abstraction de toute résistance à l'extension du béton. Cette
prescription n'a rien de contradictoire avec celle qui
prescrit d'en tenir compte dans les calculs de déformation. En fait, le béton se fendille plus ou moins du
côté de l'armature tendue, mais sans qu'il résulte
de ces fissures microscopiques ou peu profondes, une
modification très notable dans la déformation générale des ouvrages, même si, en un point, une fissure
plus marquée se produisait. Mais, en ce point, la fatigue locale s'en trouverait naturellement très accrue.
Il convient donc, dans le calcul des fatigues locales,
de se placer dans cette hypothèse défavorable, tandis

qu'il serait excessif de s'y placer dans la recherche
des déformations générales et, par suite, de celle des
valeurs M, T, F, qui s'y rattachent.

*Application à un hourdis et à une pièce d'une section
rectangulaire.* — On va appliquer la méthode indiquée
plus haut à un hourdis (fig. 2) assimilé à un simple T,

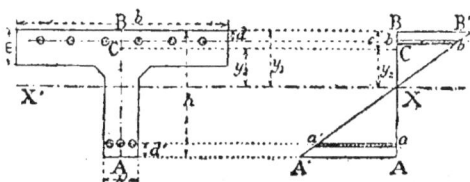

Fig. 2.          Fig. 3.

dont la hauteur est $h$, la largeur d'aile $b$, la largeur
de la nervure $b'$, l'épaisseur d'aile $\varepsilon$ et dont l'armature, du côté de la compression, a une section to-
tale $\omega$, sa distance moyenne au parement comprimé
étant $d$, du côté de l'extension, la section $\omega'$, à une
distance moyenne $d'$ du parement tendu. Si la première n'existait pas, on ferait $\omega = 0$.

Soit $Y_1$ la distance inconnue de l'axe neutre X'X au
parement comprimé B. Sur la figure 3, la section du
hourdis est projetée suivant la droite AB. Les ordonnées de la droite XB' représentent les compressions
du béton et, au facteur $m$ près, l'ordonnée $bb'$ représente la compression de l'armature comprimée et $aa'$
représente la tension de l'armature tendue. Soit K
le coefficient angulaire de la droite B'XA' ou la tan-
gente trigonométrique de l'angle B'XB.

a. *Flexion simple.* — S'il s'agit de la flexion simple
$N = 0$, en écrivant que les forces élastiques se rédui-

sent au couple de flexion M, c'est-à-dire que leur somme est nulle et que la somme de leurs moments relativement à n'importe quel point, par exemple au point B, est égale à M, on obtient pour déterminer la distance XB $=$ Y₁ de l'axe neutre à la face comprimée, l'équation du second degré :

$$(16) \qquad 0 = \frac{b'y_1^2}{2} + (b-b')\varepsilon\left(y_1 - \frac{\varepsilon}{2}\right) + m\omega(y_1 - d)$$
$$- m\omega'(h - d' - y_1)$$

puis, pour déterminer le coefficient angulaire K :

$$(17) \qquad \frac{M}{K} = \frac{b'y_1^3}{6} + (b-b')\varepsilon^2\left(\frac{y_1}{2} - \frac{\varepsilon}{3}\right)$$
$$+ m\omega(y_1 - d)d - m\omega'(h - d' - y_1)(h - d'),$$

où le second nombre est connu, ainsi que M.

Ces formules supposent implicitement que l'axe neutre tombe dans la nervure. S'il tombe dans le hourdis, il suffit dans les formules précédentes de faire $b' = b$, ce qui donne :

$$(18) \qquad 0 = \frac{by_1^2}{2} + m\omega(y_1 - d) - m\omega'(h - d' - y_1);$$

$$(19) \quad \frac{M}{K} = \frac{by_1^3}{6} + m\omega(y_1 - d)d - m\omega'(h - d' - y_1)(h - d').$$

Pour savoir où tombera la fibre neutre et, par conséquent, si c'est la formule (16) ou celle (18) qui déterminera la position de la fibre neutre, il suffit, dans le second membre de (16) de remplacer $y_1$ par $\varepsilon_1$ ce qui donne :

$$\frac{b\varepsilon^2}{2} + m\omega(\varepsilon - d) - m\omega'(h - d' - \varepsilon).$$

Si la valeur numérique de cette expression est positive, l'axe neutre tombe dans le hourdis et se détermine par la formule (18). C'est l'inverse si cette valeur numérique est négative.

Les formules (18) et (19) s'appliquent aussi à une section rectangulaire de base $b$ et de hauteur $h$.

Quand on a déterminé les deux inconnues $y_1$ et K, on aura pour la compression maximum Rb du béton :

$$(20) \qquad \qquad Rb = Ky_1$$

pour la compression Ra et l'extension R'a des armatures :

$$(21) \qquad \begin{cases} Ra = mK(y_1 - d)\,; \\ R'a = mK(h - d' - y_1)\,. \end{cases}$$

b. *Flexion composée.* — On connaît dans ce cas la compression N et la position du centre de pression C, point d'application de la résultante des forces extérieures. Désignons par $c$ la distance de ce point à la face comprimée, cette distance étant comptée positivement si C tombe dans la section, négativement dans le cas contraire. Il paraît plus commode ici, pour la raison qui sera donnée dans un instant, de déterminer la position de la fibre neutre par sa distance $XC = y_2$ (fig. 3) au centre de pression C que par sa distance $y_1$ au parement comprimé. On écrira que la résultante des forces élastiques coïncide avec N. Donc, la somme des moments des forces élastiques par rapport au point C est nulle, ce qui donne une équation du troisième degré servant à déterminer $y_2$, c'est-à-dire la position de l'axe neutre X'XC. Cette équation, dans le cas où cet axe tombe dans la nervure est la suivante :

$$(22) \qquad \frac{b\,y_2^3}{6} - b\left[\frac{c^2}{2}y_2 + \frac{c^3}{3}\right]$$

$$+ (b - b')\left[\frac{(-c + \varepsilon)^2}{2}y_2 - \frac{(-c + \varepsilon)^3}{3}\right]$$

$$+ m\omega(y_2 + c - d)(-c + d) - m\omega'(h - d' - c - y_2)(h - d' - c) = 0.$$

On voit que cette équation est de la forme :

$$(23) \qquad y_2^3 + py_2 + q = 0.$$

les coefficients numériquement connus $p$ et $q$ ayant les expressions suivantes :

$$(24) \quad \begin{cases} p = -\dfrac{3b}{b'}\, c^2 + 3\left(\dfrac{b}{b'} - 1\right)(c - \varepsilon)^2 \\[2ex] \qquad -\dfrac{6m\omega}{b'}(c - d) + \dfrac{6m\omega'}{b'}(h - d' - c)\,; \\[3ex] q = -\dfrac{2b}{b'}\, c^3 + 2\left(\dfrac{b}{b'} - 1\right)(c - \varepsilon)^3 \\[2ex] \qquad -\dfrac{6m\omega}{b'}(c - d)^2 - \dfrac{6m\omega'}{b'}(h - d' - c)^2. \end{cases}$$

Le terme $y_2^2$ manque, ce qui facilite la résolution de l'équation et justifie l'emploi fait de l'inconnue $y_2$.

Quand $y_2$ a été trouvée, on obtient l'inconnue auxiliaire K immédiatement par l'équation :

$$(25) \qquad \frac{N}{K} = \frac{b'y_2^2}{2} + bc\left(y_2 + \frac{c}{2}\right)$$

$$+ (b - b')\left[(-c + \varepsilon)y_2 - \frac{(-c + \varepsilon)^2}{2}\right]$$

$$+ m\omega[y_2 + c - d] - m\omega'[h - d' - c - y_2].$$

où le second membre est connu, ainsi que N.

Ces formules supposent que l'axe neutre tombe dans la nervure. S'il tombe dans le hourdis, comme aussi dans le cas d'une section rectangulaire de base $b$ et de hauteur $h$, il suffit d'y faire $b' = b$, ce qui donne :

$$(26) \qquad p = -3c^2 - \frac{6m\omega}{b}(c - d) + \frac{6m\omega'}{b}(h - d' - c)\,;$$

$$(27) \qquad q = -2c^3 - \frac{6m\omega}{b}(c - d)^2 - \frac{6m\omega'}{b}(h - d' - c)^2.$$

Enfin, dans les cas d'un hourdis, pour savoir si l'axe neutre tombe dans la nervure ou dans le hourdis, il suffira de vérifier si le premier membre de l'équation (23) a, ou non, des signes contraires, aux deux extrémités de la nervure.

Quand les inconnues $y_2$ et K sont déterminées, on tirera de la première :

(28)
$$y_1 = y_2 + c.$$

pour la distance de l'axe neutre au parement comprimé, et alors la compression $R_b$ du béton, la compression $R_a$ et la tension $R'_a$ des armatures par unité de surface, se déterminent par les formules (20) et (21).

*Remarques au sujet du calcul des hourdis.* — Quand on a un plancher formé d'un hourdis avec nervures

Fig. 4. — Coupe transversale.

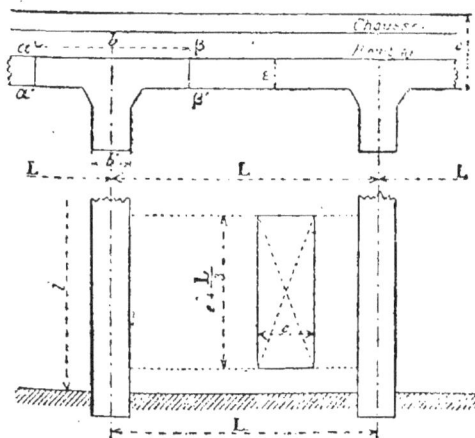

Fig. 5. — Plan.

(fig. 4), on détache une nervure aux deux parties adjacentes, de manière à ne considérer que la partie $\alpha\alpha'\beta\beta'$ de largeur $\alpha\beta = b$, sans tenir compte du secours que cette portion du plancher peut recevoir de son adhérence avec les parties voisines.

Cette largeur $b$ doit être en rapport avec l'épaisseur $\varepsilon$ du hourdis, l'écartement L des nervures et leur portée $l$. Il convient de ne jamais dépasser pour la largeur $b$ le tiers de la portée $l$ des nervures, ni les 3/4 de leur écartement L.

En ce qui touche le plancher lui-même, s'il a à supporter des charges concentrées entre deux nervures, il doit être pourvu de deux séries de barres horizontales dans des directions orthogonales. On donne généralement aux armatures les plus faibles une section totale par mètre de largeur du hourdis au moins égale à la moitié de la section des plus fortes par mètre de longueur du hourdis.

Et alors, pour calculer l'épaisseur $\varepsilon$ du plancher, on admet que la charge isolée peut être remplacée (fig. 5 plan) par une charge uniformément répartie sur un rectangle ayant cette charge pour centre, ses côtés parallèles aux nervures ayant un écartement $e$ égal à la somme des épaisseurs : 1° du hourdis lui-même, soit $\varepsilon$ ; 2° s'il y a lieu du remblai et de la chaussée qu'il porte ; ses côtés perpendiculaires aux nervures ayant pour écartement $e + \dfrac{L}{3}$, L étant l'écartement des nervures.

La charge ainsi répartie, on suppose qu'elle est portée par une bande du hourdis, de la largeur $e + \dfrac{L}{3}$ sans concours des parties adjacentes, par conséquent, par une poutre de section rectangulaire $\left( e + \dfrac{L}{3} \right) \varepsilon$ et de portée L, s'appuyant sur deux nervures consécutives.

S'il s'agit d'un hourdis porté par deux cours de nervures orthogonales, d'écartements respectifs L et L', pour calculer le moment de flexion dans le sens de la portée L, on pourra, faute de mieux, le calculer comme si les nervures de portée L existaient seules, en multipliant le chiffre obtenu par le coefficient de réduction :

$$\frac{1}{1 + 2\frac{L^4}{L'^4}}$$

On fera de même en permutant les lettres L et L' pour obtenir le moment de flexion dans le sens de la portée L'.

*Adhérence.* — Pour s'assurer de l'adhérence entre le béton et l'armature, tendue par exemple, on observera que si, dans deux sections voisines AB, A'B' d'une pièce (fig. 6), espacées d'une longueur $\Delta$ , on a trouvé pour la tension de l'armature, les valeurs $R'_a$ et $R''_a$ par unité de surface, les tractions totales sur ces deux sections seront :

$$\omega'R'_a \qquad \text{et} \qquad \omega'R''_a.$$

Supposons, pour fixer les idées, $R''_a > R'_a$, c'est la différence $\omega'(R''_a - R'_a)$ qui tendra à faire glisser la portion d'armature de longueur $\Delta s$ dans sa gaine de béton. Si donc le périmètre total des armatures tendues est $\chi'$, l'adhérence par unité de surface sera :

$$\frac{\omega'(R''_a - R'_a)}{\chi'\Delta s}.$$

C'est ce rapport qui ne doit pas être supérieur à la limite imposée pour l'adhérence par l'article 6 du règlement.

Si des étriers ou autres pièces transversales sont *suffisamment* solidarisées avec une armature longitudinale pour contribuer à empêcher celle-ci de glisser dans sa gaine de béton, alors la force F de cisaillement de celles de ces pièces transversales qui se trouvent sur la longueur $\Delta s$ considérée ou le produit de la section cisaillée par le travail de cisaillement admis pour le métal, doit être retranchée de l'effort

$$\omega'(R''a - R'a),$$

et il suffit que le rapport :

$$\frac{\omega'(R''a - R'a) - F}{\chi' \Delta s}$$

ne dépasse pas la limite admise pour l'adhérence.

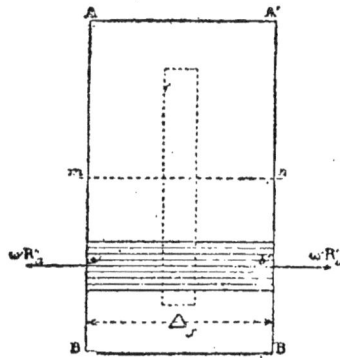

Mais de simples ligatures entre les armatures transversales et longitudinales ne suffisent pas pour produire l'effet de la force F. Ces ligatures doivent être faites. Mais il convient de ne pas en tenir compte comme renfort prêté à l'adhérence.

*Glissement longitudinal du béton sur lui-même et effort tranchant.* — Concevons toujours une portion de pièce comprise entre deux sections transversales AB et A'B' distantes de $\Delta s$ et portant l'armature longitudinale $a'b'$ du côté de l'extension. Faisons, dans la partie tendue du béton, c'est-à-dire entre l'armature $a'b'$ et le plan des fibres neutres, une section $mn$ parallèle à ce plan. Soit $\omega_b$ l'aire de cette section.

Comme on ne tient pas compte des tensions du béton normalement à $m$B et $n$B', la portion $mn$BB' de la pièce est en équilibre sous l'influence des tensions

$\omega$'R''$a$ et $\omega$'R'$a$ des armatures et de l'effort longitudinal ou de cisaillement suivant *mn*. Donc, cet effort par unité de surface :

$$\frac{\omega'(\text{R''}_a - \text{R'}_a)}{\omega_\text{b}} \ (a),$$

ne doit pas dépasser la fatigue admise par le cisaillement.

Si des armatures transversales résistent *efficacement* au glissement longitudinal, on peut en tenir compte comme il est dit ci-dessus pour l'adhérence.

Cet effort (*a*) reste constant jusqu'à la fibre neutre. Au-delà, il diminue par l'effet des compressions, de sorte que celui mis en compte ici en représente le maximum.

L'effort tranchant en chaque point est d'ailleurs, comme on le sait, le même en grandeur que l'effort de glissement longitudinal dont il vient d'être parlé.

Art. 12. — *Flambement*. — Pour s'assurer contre le flambement des pièces comprimées, on peut faire usage de la règle de Rankine, qui se traduit par l'inégalité suivante :

$$(29) \qquad \frac{N}{\Omega}\left(1 + \frac{kl^2}{10000r^2}\right) < \text{R}_\text{b}.$$

N est l'effort de compression : s'il varie notablement d'une extrémité à l'autre de la pièce, on prendra la valeur relative à la section médiane, située à égale distance des extrémités ; *l* est la longueur de la pièce ; *r*, le rayon de giration minimum de la section transversale qui, dans le cas fréquent d'une pièce symétrique a, soit la direction de l'axe de symétrie, soit la direction perpendiculaire.

$R_b$ est la limite de fatigue admissible pour le béton armé (art. 4).

Enfin $k$ est un coefficient numérique dépendant des conditions auxquelles la pièce est soumise à ses extrémités, et qui a les valeurs ci-après :

| CONDITIONS RELATIVES AUX EXTRÉMITÉS | $k$. | OBSERVATIONS |
|---|---|---|
| Pièce encastrée à un bout, libre à l'autre ........ | 4 | |
| Pièce articulée aux deux bouts.............. | 1 | |
| Pièce encastrée à un bout, articulée à l'autre .... | 1/2 | Si l'encastrement est imparfait, on prendra une valeur moyenne entre 1/2 et 1. |
| Pièce encastrée aux deux bouts.............. | 1/4 | Si l'un des encastrements est imparfait, on prendra une valeur moyenne entre 1/4 et 1/2. Si les deux sont imparfaits, une valeur moyenne entre 1/4 et 1. |

Quand la pièce comprimée est de grande longueur il arrive que l'unité est négligeable devant le nombre $\dfrac{kl^2}{10000r^2}$. L'inégalité qui exprime la condition de stabilité peut alors être mise sous la forme simplifiée :

$$\frac{N}{\Omega}\,\frac{kl^2}{10000r^2} < R_b$$

ou

$$(30) \qquad N < \frac{10000}{k}\,\frac{\Omega r^2}{l^2}\,R_b.$$

La valeur moyenne de $R_b$ est d'environ $50 \times 10^4$ (50 kilogrammes par centimètre carré). Le coefficient d'élasticité longitudinale du béton est, en moyenne, le dixième de celui de l'acier, soit :

$$E_b = 2 \times 10^9$$

D'où il résulte que le produit : $10.000\ R_b$ est sensiblement égal à

$$\frac{\pi^2 E_b}{4},$$

ce qui permet d'écrire la condition (30) sous la forme :

$$(31) \qquad N < \frac{1}{4k}\,\frac{\pi^2 \Omega r^2}{l^2}\,E_b.$$

C'est la formule d'Euler, avec un coefficient de sécurité égal à 4.

On voit donc que les indications fournies par cette formule concordent avec celles de la règle de Rankine pour les pièces de grande longueur.

Si la pièce soumise à un effort de compression $N$ est en même temps sollicitée par un moment de flexion dont l'effet ne peut être considéré comme négligeable (cas d'une charge désaxée, poussée du vent, etc.), il convient de compléter la condition de stabilité exprimée par l'inégalité (29) en y introduisant la valeur du travail maximum de compression déterminé, dans la section médiane, par le moment fléchissant $M$.

Ce travail a pour expression :

$$\frac{M\varrho}{I}\text{ (formule 5)} ; \qquad \text{ou} \qquad \frac{N\varrho_0\varrho}{\Omega r^2}\text{ (formule 11).}$$

La règle de Rankine se traduit alors par l'une ou l'autre des inégalités suivantes :

$$(32) \qquad \frac{N}{\Omega}\left(1 + \frac{kl^2}{10000r^2}\right) + \frac{M\varrho}{I} < R_b \; ;$$

$$(33) \qquad \frac{N}{\Omega}\left(1 + \frac{kl^2}{10000r^2} + \frac{\varrho_0\varrho}{r^2}\right) < R_b.$$

### III. — Chapitre IV.

Les instructions relatives à l'exécution des travaux et aux épreuves se justifient d'elles-mêmes et n'ont pas besoin de commentaire. On se bornera à rappeler *que le béton armé ne vaut que par la perfection de son exécution.* Les accidents survenus sont en général dus à la médiocre qualité des matériaux ou à leur mauvais emploi. Il convient donc d'exercer *une surveillance toute spéciale* sur la provenance, la pureté des matériaux, leur dosage, celui de l'eau employée à la confection du béton, son damage, son bourrage le long des armatures, le solide arrimage de celles-ci, etc.

Quant aux épreuves, elles peuvent, dans certaines circonstances, être simplifiées, moyennant justification. Mais il convient encore ici de ne pas chercher des économies ou des facilités qui puissent faire courir un risque quelconque à la sécurité publique.

*Rapport de la Commission nommée par le Conseil général des Ponts et Chaussées, dans sa séance du 15 Mars 1906* (1).

Nous pensons, dans ce rapport, pouvoir être très

(1) Commission composée de : MM. Maurice Lévy, inspecteur général de 1re classe, *Président et Rapporteur ;* de Préaudeau, Vétillart, inspecteurs généraux de 2o classe.

bref : parce que la Commission a fait son possible pour que les projets d'instructions et de circulaire qu'elle a préparés forment un tout qui puisse suffire aux ingénieurs et, par conséquent, au Conseil.

Nous devons seulement indiquer dans quel ordre d'idées on a cru devoir remanier les projets de règlement et de circulaire préparés par la Commission du ciment armé, et nous nous empressons de dire que les différences portent plutôt sur la forme que sur le fond, tout en n'étant pas sans importance.

En tout cas, nous n'avons cru devoir rien faire sans avoir pris l'avis des deux principaux représentants actuels de la Commission du ciment armé : son rapporteur, M. l'inspecteur général Considère et son président, depuis la retraite de M. le président Lorieux : M. l'ingénieur en chef Résal.

Cette Commission, en effet, a accompli une œuvre considérable à laquelle elle a consacré quatre années et dont les pièces mises entre les mains des membres du Conseil, à savoir : les projets de règlement et de circulaire préparés par elle et le magistral rapport du plus qualifié en la matière, M. l'inspecteur général Considère, ne donnent malgré leur importance, qu'une idée imparfaite. Il faut en outre avoir examiné les procès-verbaux des expériences de longue haleine auxquelles la Commission s'est livrée avec le concours de M. l'ingénieur Mesnager et du laboratoire de l'Ecole des Ponts et Chaussées pour pouvoir apprécier toute l'étendue et la portée de son œuvre. Aussi, convenait-il de n'y toucher qu'avec la plus grande réserve et en ayant son avis. C'est dans cette pensée que nous avons cherché à remplir la mission que le Conseil nous a fait l'honneur de nous confier, mission fort délicate ; car si le béton armé est de plus en plus apprécié dans ses effets, il est encore bien imparfaitement connu

dans ses causes. Plus on y réfléchit, plus on sent qu'il
y a là nombre de phénomènes qui demeurent obscurs.
Dans ces conditions, il n'est pas aisé d'arriver à la pré-
cision désirable dans les instructions à donner aux
ingénieurs, tout en ne les entravant pas dans la voie
du progrès qui reste ouverte. C'est sans doute le sentiment de ces difficultés qui a arrêté la Commission
du ciment pendant plusieurs années. C'est lui
aussi qui doit nous servir d'excuse pour les
quelques semaines de réflexion que nous avons
prises.

Nous avons cherché à aller vite. Peu de jours après
sa désignation, la Commission s'est réunie. Elle a
tenu deux séances auxquelles ont été convoqués
MM. Considère et Résal. Là, on a discuté contradictoi-
rement tous les articles du projet de règlement de la
Commission du ciment armé, ainsi que le projet de
circulaire et le rapport de M. Considère qui l'ac-
compagne.

Puis la Commission s'est ajournée en chargeant le
soussigné de préparer ses propositions.

Dans l'intervalle, le soussigné a reçu, au nom de la
minorité de la Commission du ciment armé, un projet
de règlement signé par M. l'ingénieur en chef Rabut
et M. l'ingénieur Mesnager, deux membres très qua-
lifiés, eux aussi, de ladite Commission.

Leurs observations portaient sur deux points : l'un
relatif à la valeur du coefficient d'élasticité du béton,
l'autre tendant à ce que les prescriptions contenues
dans le projet de règlement relativement aux calculs
de résistance des matériaux soient de beaucoup
abrégées et réduites à quelques indications générales,
de façon à éviter tout ce qui pourrait tendre à res-
treindre, en cette matière, la liberté scientifique des
ingénieurs, sauf à reporter dans la circulaire les expli-

cations ou les conseils que l'on pourrait juger utile de leur donner.

Sur ce dernier point, tout le monde a fini par tomber d'accord et ç'a été aussi le sentiment du Conseil général des Ponts et Chaussées dans la séance où l'affaire est venue en discussion et a été, après un échange d'observations, renvoyée à la Commission que nous avons l'honneur de présider.

A l'appui de leurs observations sur le coefficient d'élasticité, MM. Rabut et Mesnager ont joint les résultats d'une série d'expériences faites par M. Mesnager, expériences que nous avons naturellement versées au dossier ainsi que diverses autres pièces, notamment un projet de règlement préparé par ces Messieurs.

Des expériences dont il s'agit, il ressort que jusqu'à un effort de 60 kilogrammes par centimètre carré, le béton expérimenté par eux et composé de 300 kilogrammes de ciment de Portland pour 400 litres de sable et 800 litres de gravier, est environ égal à 1/10 du coefficient d'élasticité de l'acier. C'est aussi ce qui ressort à peu près des expériences de M. le professeur Bach de Stuttgart, et de celles qui avaient été entreprises en France, dès les débuts du ciment armé, à la demande du regretté directeur des phares, Bourdelles.

C'est ainsi muni d'une part des explications échangées pendant nos deux premières séances avec les deux représentants de la majorité de la Commission du Ciment armé, MM. Considère et Résal, des explications fournies au nom de ceux de la minorité de la Commission, que le soussigné s'est mis à l'œuvre pour préparer, non sans de fréquents scrupules, les projets d'instructions et de circulaire que la Commission actuelle a l'honneur de soumettre à l'examen du Conseil.

A ce mot « Règlement » employé par la Commission du ciment armé, nous avons substitué le mot « Instructions » qui, tout en ayant le même caractère obligatoire pour les ingénieurs, s'annonce comme moins permanent. Il convient, en effet, de prévoir que l'expérience des chantiers, comme celles des laboratoires et comme la théorie, pourront modifier les vues qu'on a actuellement sur le ciment armé et, par suite, amener à faire des retouches aux prescriptions actuelles.

En principe, nous avons cherché à condenser ces instructions en un petit nombre d'articles, brefs et précis.

Elles sont divisées en quatre parties :

I. Données à admettre dans les projets relatifs au béton armé ;

II. Calculs de résistance (à appuyer sur ces données) ;

III. Exécution des travaux ;

IV. Epreuves des ouvrages.

I. *Données à admettre.* — Ces données comprennent deux parties distinctes : les surcharges et les coefficients de travail.

Il n'y a rien à dire relativement aux surcharges. Elles sont les mêmes pour les ouvrages en ciment armé que pour leurs similaires en d'autres matières.

La fatigue à la compression du ciment armé a été admise égale aux 28/100 de la résistance à l'écrasement du béton non armé de même composition après 90 jours de confection, cette résistance étant mesurée sur un cube de 0 m.20 de côté.

La Commission du ciment armé, dans son projet de règlement, n'avait indiqué la fatigue maxima à admettre que pour trois espèces de ciment qui sont formées de 800 litres de gravier, 400 litres de sable avec respectivement les trois dosages :

300, 350 et 400 kilogrammes de Portland.

Elle a trouvé pour ces bétons respectivement les résistances suivantes en kilogrammes par centimètre cube :

Au bout de 28 jours :

107, 120, 133 kilogrammes ;

Au bout de 90 jours :

160, 180 et 200 kilogrammes.

Elle admet dans son règlement les limites de fatigue ci-après :

46, 52, 58 kilogrammes.

La règle que nous proposons donne :

44,8  50,4  56 kilogrammes.

c'est-à-dire sensiblement les mêmes chiffres. Nous sommes donc d'accord avec elle et notre formule a l'avantage de s'étendre à d'autres ciments de compositions très variables qui peuvent être employés dans la pratique.

Mais ce n'est pas sans hésitation que nous avons suivi la Commission sur ce point. Ce taux de fatigue des 28/100 de la résistance après 90 jours est élevé et beaucoup plus élevé que les chiffres similaires admis dans d'autres règlements, notamment dans les règlements allemands ou suisses. Là où nous admettons une fatigue de 51 kilogrammes, on n'admettrait guère que 30 à 35 kilogrammes.

MM. Résal et Considère, au nom de la Commission du ciment armé, ont insisté pour la maintien des chiffres proposés par cette Commission après une longue discussion en présence des représentants de l'industrie qui ont fait partie de la Commission.

Ils ont fait valoir que les chiffres admis sont ceux couramment usités dans la pratique et l'industrie ne pourrait pas se contenter de chiffres notablement moindres. M. Considère nous a fait connaître depuis que les règlements étrangers sont déjà anciens eu égard aux rapides progrès accomplis par le béton armé, qu'ils donnent lieu, au point de vue spécial dont il s'agit, à des réclamations de la part des constructeurs et que vraisemblablement, soit par tolérance, soit par une modification aux prescriptions existantes, on sera amené à élever notablement le taux de fatigue admis à une époque où on n'avait pas encore, en matière de béton armé, l'expérience acquise depuis.

Nous verrons d'ailleurs que les données adoptées pour les calculs de résistance sont de nature à rassurer sur les valeurs élevées adoptées pour les taux de fatigue aux articles 4 et 5.

Ce dernier chiffre permet de majorer le taux normal de fatigues admis à l'article 4.

Il constitue une innovation relativement aux instructions étrangères qu'il nous a été donné de consulter, en ce qu'il encouragera les constructeurs à porter leur attention non seulement sur les armatures longitudinales, mais aussi sur les armatures transversales qui ont une influence considérable sur la solidité de ce genre de constructions. Il mérite d'être conservé. Il est formulé sous forme générale dans les instructions. Le commentaire qu'y donne la circulaire avec le coefficient de majoration $\left(1 + m'\dfrac{V'}{V}\right)$ guidera les ingénieurs dans l'adoption du taux de la majoration suivant le cas. Par une sorte d'interprétation rapide, on peut avec une suffisante approximation, passer des cas spécifiés dans la circulaire à des cas différents pour le choix du coefficient *m'* qui seul reste à l'appréciation des ingénieurs.

II *Calculs de résistance.* — On voit que nos instructions se bornent à quelques prescriptions générales qui laissent aux ingénieurs la plus absolue liberté dans les méthodes de calcul qu'ils croiront devoir employer, sous la seule réserve de ne pas substituer les méthodes empiriques des spécialistes aux méthodes plus sûres tirées de la résistance des matériaux ou de la théorie de l'élasticité. Mais comme, d'autre part, il est à notre connaissance que beaucoup d'ingénieurs seraient très heureux d'avoir quelques indications qui puissent leur servir de guides dans ces calculs nouveaux pour beaucoup d'entre eux, nous avons, dans la circulaire, cherché à donner à ce désir la satisfaction la plus large possible, tout en y faisant remarquer que les formules et même les méthodes indiquées n'ont aucun caractère obligatoire et que toutes autres méthodes, pourvu qu'elles soient rationnelles, seront admises par l'Administration.

Nous devons insister, non sur les formules contenues dans la circulaire et qui sont déduites des principes de la résistance des matériaux relatifs aux pièces à sections hétérogènes, mais sur l'une des données qui y est indiquée ou conseillée et qui, comme celle signalée plus haut à l'occasion de l'article 5, innove relativement à ce qui existe et est de nature, comme nous l'avons fait pressentir plus haut, à atténuer sensiblement ce que le taux élevé de fatigue à la compression du béton admis aux articles 4 et 5, peut avoir de hardi. Il s'agit d'un nombre que l'on admet dans les calculs de résistance pour exprimer l'équivalence, à section égale, entre le béton et l'armature. Dans les formules de la plupart des auteurs français et étrangers, on admet que dans la compression d'un prisme armé, chaque centimètre carré de l'armature longitudinale supporte une part de charge $m$ fois plus grande que ne le ferait un centimètre carré de béton occupant la même place.

Théoriquement, le nombre $m$ serait le rapport entre les modules d'élasticité du métal et celui du béton. MM. Rabut et Mesnager demanderaient que ce nombre fut pris égal à 10. En Suisse et en Allemagne, comme aussi d'après les auteurs français et belges, on adopte de préférence la valeur 15.

Il est vraisemblable qu'avec ce dernier chiffre on attribue souvent au métal une influence plus grande que la réalité, et au béton une influence trop faible, de sorte que celui-ci supportera en réalité une fatigue plus grande que celle que supposent les calculs.

L'innovation de la circulaire consiste à proposer pour ce nombre $m$, non pas une valeur immuable, telle que 10 ou 15, mais une valeur dépendant à la fois des dispositions de l'armature longitudinale et de celles des armatures transversales ou obliques qui les solidarisent. On admet que le nombre $m$ peut ainsi varier, suivant que les dispositions des armatures sont plus ou moins bien combinées, entre un minimum de 8 et un maximum de 15.

Cette manière de faire semble très rationnelle théoriquement, outre qu'elle s'ajoute aux prescriptions de l'article 5 des instructions, pour inciter les praticiens à bien étudier les dispositions combinées des armatures longitudinales et transversales.

Nous nous sommes assuré d'ailleurs qu'on arrive ainsi à un coefficient de sécurité bien plus constant qu'avec les ouvrages calculés dans l'hypothèse de la constance de $m$, ce qui diminue sensiblement le danger pouvant résulter du coefficient de fatigue élevé qu'on a adopté aux articles 4 et 5 des instructions.

Pour bien comprendre le genre de vérification que nous avons poursuivi, il convient de préciser le sens qu'on attache à l'expression : *coefficient de sécurité.*

Supposons une colonne en béton armé où, d'après les *calculs de résistance*, le béton travaille à raison de 50 kilogrammes par centimètre carré, tandis qu'un cube du même béton non armé se romprait après 90 jours sous une charge de 200 kilogrammes par centimètre carré.

On dira que le coefficient de sécurité est 4. Mais (et cette observation s'applique aussi aux ouvrages autres que ceux en béton armé), ce n'est là qu'un coefficient conventionnel, le seul en général qu'on puisse fixer et dont il faut, par suite, se contenter dans la pratique. Le vrai coefficient de sécurité ne pourrait s'obtenir qu'en rompant non plus un cube de béton non armé, mais en rompant la colonne elle-même. Or, il est probable que, même abstraction faite du flambage que nous supposons combattu, la colonne se romprait sous une charge autre que le cube de béton. Si elle n'était pas armée, elle se romprait sous une charge un peu plus faible en raison des points faibles que comporte un ouvrage de plus grandes dimensions et moins bien soigné, dans ses moindres détails, qu'un échantillon cubique de 0 m. 20 de côté. Grâce à l'armature, et c'est là son but ou du moins l'un d'eux, il se peut que la colonne supporte, avant rupture, une charge égale ou supérieure à celle qu'a pu supporter l'échantillon cubique.

Dans le premier cas, le coefficient de sécurité conventionnellement rapporté à cet échantillon serait trompeur et illusoire. Dans le second, au contraire, il serait très sûr, puisqu'il ne pourrait qu'être égal ou inférieur au coefficient de sécurité réel.

En tout cas ce dernier ne peut s'obtenir que par destruction directe de l'ouvrage considéré. Ce coefficient réel nous l'avons déterminé sur un prisme de béton armé à base carrée de 0 m. 25 de côté et de 1 mètre de hauteur portant diverses armatures, à l'aide d'expériences de rupture très précises de M. le professeur Bach. Aux charges de rupture expérimentalement déterminées, nous comparons les fatigues qui résulteraient :

1º De l'emploi des formules de résistance avec un coefficient $m$ constant et égal à 15 ;

2º De l'emploi des formules avec un coefficient $m$ variable entre 8 et 15 selon les règles indiquées dans la circulaire, en faisant d'après ces règles des interpolations à vue et avec les majorations de la fatigue admises par l'article 5 des instructions pour l'emploi des coefficients de majoration :

$$1 + m' \frac{V'}{V}$$

le coefficient $m'$ étant également obtenu dans chaque cas, d'après les règles indiquées dans la circulaire.

Voici les données expérimentales et les résultats obtenus :

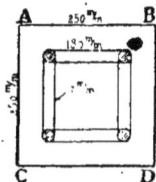
Fig. 7.

Section du prisme :
$\Omega = 25 \times 25 = 625$ cm².
Volume V' des ligatures :
V' $= 62$ cm³ 645.

Les prismes essayés (fig. ci-contre) ont une section carrée ABCD de 250 mm. de côté. Ils sont armés de 4 tiges éloignées d'axe en axe de 180 mm. et ayant des diamètres $d$ variables de 15 à 30 mm.

Ces tiges longitudinales sont réunies deux à deux par des tiges formant ligatures transversales doubles suivant les quatre côtés d'un carré.

Toutes ces tiges ont 7 mm. de diamètre.

L'écartement de ces armatures transversales dans le sens de l'axe du prisme varie de 0 m. 25 à 0 m. 0625.

Voici le résumé des cinq séries d'expériences :

### TABLEAU I

| NUMÉRO de l'expérience | DIAMÈTRE $d$ des ARMATURES longitudinales mm. | ÉCARTEMENT des ARMATURES transversales cm. | VALEUR MOYENNE de la charge de rupture Kgs par cm² | SECTIONS des ARMATURES longitudinales $\omega = 4\,\frac{\omega d^2}{400}$ cm² |
|---|---|---|---|---|
| 1 | 2 | 3 | 4 | 5 |
| 1 | 15 | 25,00 | 168 | 7,1 |
| 2 | 15 | 12,50 | 177 | 7,1 |
| 3 | 15 | 6,25 | 205 | 7,1 |
| 4 | 20 | 25,00 | 170 | 12,6 |
| 5 | 30 | 25,00 | 190 | 28,2 |

Ajoutons que la charge de rupture du prisme non armé a été trouvée de................... 141 kg 95
et celle d'un mètre cube de ce béton de.... 175 kg 95

En supposant $m = 15$ et appelant $R_b$ la fatigue admise pour le béton la charge totale N que pourrait supporter le béton serait :

$$N = R_b\,(625 + 15\omega). \tag{A}$$

En prenant $R_b = 35$ kilogrammes, ce qui serait conforme aux instructions allemandes, on trouve :

$$N = 35\,(625 + 15\omega). \tag{A'}$$

TABLEAU II

| NUMÉRO de l'expérience | $\dfrac{150.}{cm^2}$ | $625+150$ | N Kgs | $\dfrac{N}{625}$ | CHARGES de RUPTURE | COEFFICIENT de sécurité effectif |
|---|---|---|---|---|---|---|
| 1 | 2 | 3 | 4 | 5 | 6 | 7 |
| 1 | 106 | 731 | 25,585 | 40,9 | 168 | 4,1 |
| 2 | 106 | 731 | 25,585 | 40,9 | 177 | 4,3 |
| 3 | 106 | 731 | 25,585 | 40,9 | 205 | 5,0 |
| 4 | 189 | 814 | 28,490 | 48,6 | 170 | 3,7 |
| 5 | 424 | 1 049 | 36,715 | 58,7 | 190 | 3,2 |

La colonne 5 donne la charge théorique par centi-mètre carré que supporte le béton de la colonne. La colonne 6, reproduction de celle 3 du tableau I, donne les charges de rupture effectives correspondantes. En divisant les chiffres de la colonne 6 par ceux corres-pondants de la colonne 5 on aura, dans chaque cas, le coefficient de sécurité effectif. On voit qu'il a des variations très considérables. Il varie entre 5 et 3,2, ce qui indique que la formule (A), c'est-à-dire l'hypo-thèse de la constance de $m$, peut conduire à de sérieux mécomptes.

Faisons à présent les mêmes calculs en supposant $m$ variable. En suivant les règles indiquées dans la circulaire, on est amené par des interpolations à donner à $m$ les valeurs du tableau III (page 79).

D'autre part, nous admettons en nombre rond, d'après l'article 4 des instructions, pour le béton une fatigue de 50 kilogrammes au lieu de celle de 35 admise ci-dessus, et en vertu de l'article 5, nous majorons

TABLEAU III

| NUMÉROS | $m$ | $\omega$ cm² | $\frac{625}{\omega} + m\omega$ | ÉCARTEMENT des ARMATURES transversales | $m'$ | $\frac{V'}{V}$ | $Rb = 50$ $1 + m'\frac{V'}{V}$ | $N$ Kg. | $\frac{N}{625}$ | COEFFICIENT de sécurité effectif |
|---|---|---|---|---|---|---|---|---|---|---|
| 1 | 2 | 3 | 4 | 5 | 6 | 7 | 8 | 9 | 10 | 11 |
| 1 | 10 | 71 | 696 | 0m25 | 8 | 0,00401 | 51,6 | 35,913 | 57,4 | 2,9 |
| 2 | 12 | 85 | 710 | 0m125 | 12 | 0,00802 | 54,8 | 38,908 | 62,3 | 2,8 |
| 3 | 15 | 106 | 731 | 0m0635 | 15 | 0,01604 | 62,0 | 55,322 | 72,5 | 2,8 |
| 4 | 9 | 113 | 738 | 0m25 | 8 | 0,00401 | 51,6 | 48,080 | 60,9 | 2,8 |
| 5 | 8 | 226 | 851 | 0m25 | 8 | 0,00400 | 51,6 | 43,911 | 70,2 | 2,7 |

cette fatigue d'après les coefficients de majoration :

$$1 + m' \frac{V'}{V}$$

ce qui porte à :

$$R_b = 50 \left(1 + m' \frac{V'}{V}\right). \tag{B}$$

D'après les règles indiquées dans la circulaire nous sommes amené à prendre pour $m$, les valeurs du tableau III ci-dessus. Les charges N à faire supporter à la colonne seront données par la formule :

$$N = R_b (525 + m\omega) \tag{B'}$$

On a ainsi : (Voir tableau III)

Les chiffres de la colonne 9 sont obtenus par la formule (B'). Ceux de la colonne 11 en divisant la valeur des charges de rupture (tableau I, colonne 3) par les chiffres de la colonne 10. Et ici on voit que les coefficients de sécurité effectifs ont une constance remarquable, ce qui permet d'être plus hardi sur la fatigue théorique maximum à admettre.

III et IV. — *Exécution des travaux et épreuves des ouvrages.* — Les instructions sur ces deux matières se justifient d'elles-mêmes et nous n'avons pas à nous y arrêter ici.

En résumé, la Commission a fait son possible pour donner aux ingénieurs des instructions aussi précises que le comporte le sujet, éclaircir ces instructions en tant que de besoin par la circulaire à y joindre, et faciliter les calculs de résistance à ceux des ingénieurs qui le désirent, le tout sans empiéter en rien sur leur libre arbitre, lequel doit rester ici plus absolu que partout ailleurs, puisqu'il s'agit d'une province nouvelle dans l'art de bâtir qui s'offre à leurs études et à leur activité, et dans laquelle d'ailleurs plusieurs d'entre eux ont été parmi les premiers pionniers qui ont préparé les voies actuellement suivies.

*L'Inspecteur général,*
*Président et rapporteur de la Commission,*
Maurice LÉVY.

# CHAPITRE V

## DISPOSITION ET CALCUL
### DES
### ARMATURES ET DES ÉPAISSEURS DE BÉTON.
### COFFRAGES

Trois cas sont à considérer :

1º Ouvrages travaillant à la compression, tels que murs, piles, poteaux, voûtes et pieux.

2º Ouvrages travaillant à la traction, tels que murs de réservoirs, tuyaux.

3º Ouvrages travaillant à la flexion, tels que hourdis, dalles et poutres de planchers ou de balcons, murs de soutènement.

Dans chacun de ces cas le mode de disposition des armatures doit changer afin d'arriver à la meilleure économie de matière dans la constitution des ouvrages.

1º *Ouvrages travaillant à la compression.* — Le béton résistant bien à la compression, les armatures n'ont ici pour but que de donner à la masse une plus grande cohésion et de prévenir les effets de *flambage* ou flexion qui se produit généralement avant la rupture des ouvrages chargés verticalement, ce flambage étant de nature à provoquer la rupture des murs, piles ou poteaux ayant une grande hauteur par rapport à leur épaisseur. L'emploi des armatures permet de diminuer considérablement les épaisseurs de béton dans ces sortes d'ouvrages.

Dans ces ouvrages, on tiendra compte, pour le calcul des surfaces comprimées, aussi bien de la résistance à la compression du béton que de celle des armatures. On peut évaluer celle du béton entre 200 et 300 kilogrammes par centimètre carré et celle du fer à 40 kilogrammes par millimètre carré, soit, en prenant un coefficient de sécurité de 1/10, 20 à 30 kilogrammes par centimètre carré, pour le béton, et 4 kilogrammes par millimètre carré pour le fer. En raison de la petite surface des armatures, la plupart des constructeurs négligent de tenir compte de leur résistance et ne calculent que sur la compression du béton ; il en résulte une augmentation de la sécurité de l'ouvrage.

Si, par exemple, un pilier doit être chargé de 10000 kilogrammes, nous aurons sa section en divisant 10000 par 20 kilos, soit 500 centimètres carrés de surface ; nous pourrons donc concevoir ce pilier rectangulaire de 0 m. 20 × 0 m. 25, ce qui sera acceptable tant que la hauteur de ce pilier n'excédera pas 10 à 12 fois sa plus petite dimension, c'est-à-dire n'excèdera pas 2 m. 50 dans le cas ci-dessus. Si cette hauteur devait être plus considérable, il faudrait augmenter la sécurité soit en employant un dosage de ciment plus fort, soit en augmentant la surface de la section du pilier proportionnellement à l'augmentation de hauteur, ceci afin d'éviter le flambage possible du pilier.

Dans un tel pilier aussi bien que dans les autres ouvrages travaillant à la compression simple, la-

surface de section des armatures peut être 1 /100e
de la surface du béton si ces armatures sont en fer et
1 /200e si elles sont en acier.

Les observations ci-dessus s'appliquent à tous les
ouvrages ne travaillant qu'à la compression.

Pour armer les piliers on emploie soit un système de
barres verticales B reliées entre elles par des tra-

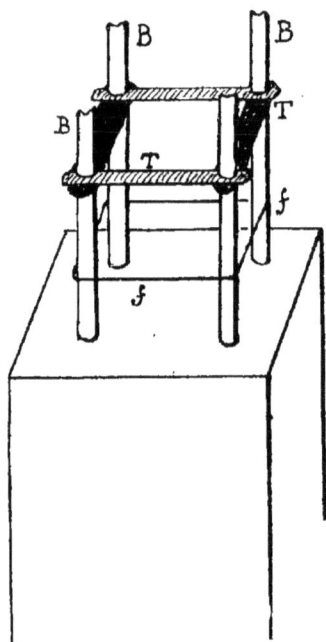
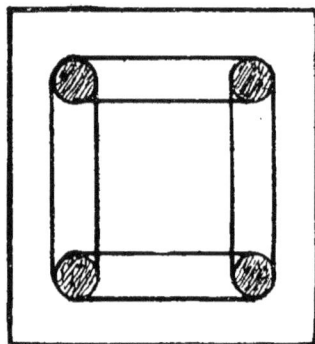

Fig. 7.                    Fig. 8.

verses horizontales T ou par des ligatures en fil de fer $f$,
comme le montrent les figures 7 et 8 ci-dessus, soit
des fers profilés en U ou en I que l'on relie ensemble
par des entretoises rivées ou boulonnées de distance
en distance, comme le montrent les figures 9 et 10.

Afin de maintenir la liaison du béton près des
faces des poteaux on entoure les armatures dans un

grillage en fil de fer ou en métal déployé ; les liaisons entre les armatures verticales peuvent alors être diminuées d'importance et simplement constituées par des gros fils de fer ou des feuillards.

Pour l'espacement des entretoises ou ligatures réu-

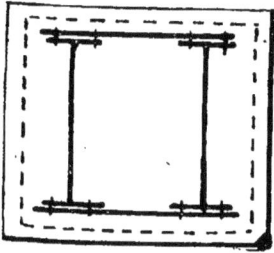

Fig. 9.

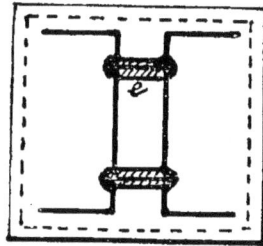

Fig. 10.

nissant les armatures principales, on adoptera 15 à 25 fois le diamètre de ces armatures selon que le pilier doit subir des vibrations plus ou moins fatigantes.

M. Considère a imaginé de former autour des armatures verticales une spirale en fil de fer ou d'acier, avec des spires assez rapprochées (1/10e au plus du diamètre du pilier). Il nomme ce travail le *béton fretté*. Ce genre de béton armé et fretté offre une grande résistance, les spires de fil d'acier s'opposant au gonflement du béton sous la charge.

Les murs minces encastrés entre piliers et ne supportant que de faibles charges peuvent être simplement armés au moyen de treillis en fil de fer ondulé, de grillages, de petites barres verticales reliées et ligaturées à de petites barres horizontales ou encore de métal déployé. Les figures 11 et 12 montrent ces sortes d'armatures qui sont aussi applicables aux murs de réservoirs.

Ces murs minces servent à faire des murs creux

en construisant à quelques centimètres de distance
l'un de l'autre deux murs minces que l'on entretoise

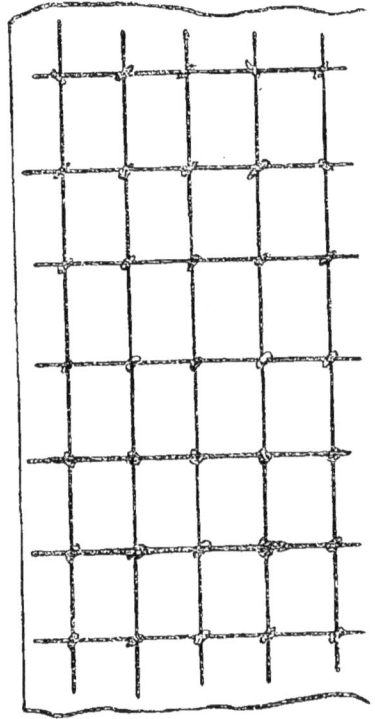

Fig. 11.                    Fig. 12.

de place en place par une armature et un petit massif
de béton. Nous avons signalé plus haut l'avantage de
ces murs creux.

Pour construire les murs minces ci-dessus, on se
contente généralement de faire un panneau ver-
tical en planches assemblées et étayées, contre les-

quelles on plaque avec la truelle, le mortier de ciment
dans lequel on enrobe au fur et à mesure le grillage qui est dressé auparavant à quelques centimètres de ce coffrage très primitif. Il faut ici que le
mortier soit ferme et bien liant.

Pour les murs plus épais, on emploie deux coffrages parallèles formés de panneaux en planches assemblées, maintenues en place par des étais et à distance
l'un de l'autre par des entretoises : de même pour les
piliers. Ces coffrages doivent être établis par étages
successifs de 0 m. 25 à 0 m. 50 de hauteur, de façon
que l'on puisse facilement faire pénétrer le mortier
dans toutes les parties de l'armature *sans en excepter
aucune* et ensuite le comprimer avec des battes,
fiches à dents, petits pilons, etc.

Les murs épais doivent être armés verticalement,
horizontalement et dans leur épaisseur : toutes sortes
de dispositions ont été préconisées à cet égard pour
les armatures des murs : toutes celles que l'on peut
imaginer sont bonnes du moment qu'elles assurent la
liaison de toutes les parties du mur.

Ainsi nos figures 13 et 14 montrent des dispositifs
employés par M. Hennebique, notre figure 15 un
dispositif constitué par des armatures horizontales et
deux grillages reliés entre eux par des fils de fer ; la
figure 12 ci-dessus montre un dispositif employé
par M. Monier.

Le calcul de la résistance des murs à la charge ver-
ticale se fait comme celle des piliers, mais certains
murs doivent résister aux poussées provenant du
vent. Il faut alors prévoir des piliers assez rapprochés pour que le mur ne subisse pas des flexions exa-
gérées par suite de ces efforts anormaux (voir plus
loin : Murs de soutènement).

Les voûtes peuvent être considérées comme travaillant à la compression dans toutes leurs parties ; on les armera de la même manière que les murs en ren-

 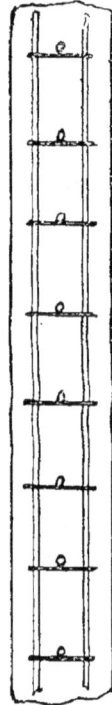 

Fig. 13.     Fig. 14.     Fig. 15.

forçant l'épaisseur du béton aux naissances des voûtes et en ancrant les armatures dans les murs verticaux, comme le montre la figure 16. Les dômes s'arment par grands cercles et méridiens, comme le montre la figure 22. Les pieux en béton armé dont il est fait un emploi fréquent depuis quelques années pour remplacer les pilotis en bois dans les fondations en mauvais sol sont formés de béton à fort dosage de ciment Portland (600 à 800 kilogrammes par mètre cube de sable), ils sont armés de barres verticales en fer rond et garnis du haut en bas de frettes en feuillard ou en gros fil de fer en hélice qui maintient le

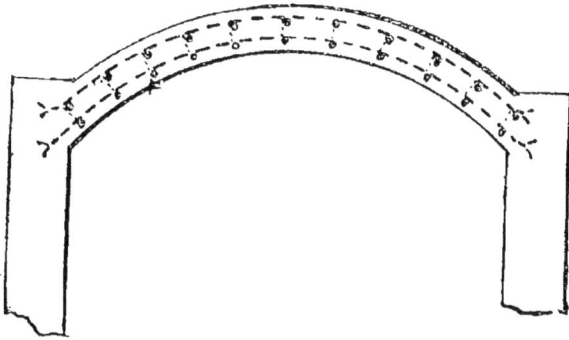

Fig. 16.

béton autour des armatures. Ces pieux doivent durcir plusieurs mois avant d'être battus en terre au moyen d'un mouton. Les pieux en béton armé sont garnis à leur base d'une pointe $p$ en fer aciéré et à leur tête d'un chapeau à frette $f$ qui reçoit le choc du mouton à vapeur (fig. 17).

Ce mouton pèse de 600 à 1800 kilogrammes selon la grosseur des pieux (0 m. 20 à 0 m. 40 de côté).

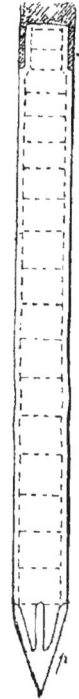

Fig. 17.

2° *Ouvrages travaillant à la traction.* — Dans ces sortes d'ouvrages nous comprendrons ceux destinés à supporter une pression intérieure, tels sont les réservoirs à eau ou à grains, les canalisations d'eau sous pression pour alimentation des villes et des turbines, etc. Ici la résistance du béton doit être considérée comme nulle et l'on ne doit compter que sur la résistance des armatures, résistance qui peut être considérable si l'on emploie de bons aciers et qui est invariable puisque l'armature est indéfiniment préservée de la destruction par l'enrobage du béton de ciment.

Les armatures des tuyaux et réservoirs se distinguent en *génératrices* qui sont les armatures rectilignes selon la longueur de l'ouvrage, et en *directrices* qui sont *circulaires* ou se rapprochant autant que

Fig. 18.                    Fig. 19.

possible de cette forme parfaite au point de vue de l'équilibrage des pressions. Si le réservoir ou le tuyau doit avoir des parties planes, celles-ci devront être

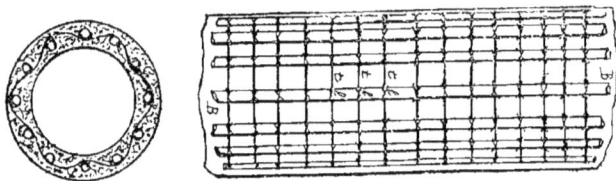

Fig. 20.

considérablement et convenablement renforcées, car elles n'offrent pas la même résistance que les parties circulaires.

Les directrices peuvent être enroulées en spirale tout autour des génératrices, ou disposées en cercles parallèles en dehors ou en dedans des génératrices ou même en dehors et en dedans, comme le montrent les figures 18 et 19 ou encore enchevêtrées dans les génératrices, comme le montre la figure 20 qui fait voir aussi comment les génératrices B doivent être ligaturées autant que possible à tous leurs points de croisement avec les directrices *t*.

Dans le calcul des armatures des tuyaux et réservoirs, on déterminera la pression à chaque point du tuyau ou réservoir.

Nous admettrons que la pression est la même pour tous les points d'une même tranche perpendiculaire à l'axe du tuyau.

Mais, dans le cas des réservoirs, la pression est plus forte vers le fond qu'à la surface et il faudra tenir compte de cette différence en augmentant le nombre des directrices vers le fond ou en augmentant la section des barres de métal qui les forment à cet endroit, en calculant chacune séparément selon la pression qu'elle supporte.

On peut s'abstenir de calculer les génératrices, car elles ne font que soutenir les directrices qui supportent en réalité la pression à elles seules.

Aussi l'on donne généralement aux génératrices des dimensions variant entre 6 et 15 millimètres de diamètre selon le diamètre du tuyau ou du réservoir et l'on applique pour le calcul des directrices la formule du calcul de l'épaisseur d'un tuyau métallique en considérant que les directrices doivent donner une surface de section équivalente à celle qu'aurait ce tuyau hypothétique.

Soit D le diamètre intérieur du tuyau ou réservoir en millimètres.

Soit *e* l'épaisseur cherchée en millimètres.

Soit *p* la pression intérieure par millimètre carré.

Soit *R* la résistance pratique du métal par millimètre carré.

On a d'après la formule de Lamé :

$$e = \frac{D}{2} \left( \sqrt{\frac{R + p}{R - p}} - 1 \right)$$

L'épaisseur du tuyau étant $e$, la surface de section sur 1 mètre sera 1000 $e$, si l'on a $n$ armatures directrices par mètre courant, la section de chaque armature devra donc être $s = \dfrac{1000\,e}{n}$.

D'après Claudel et Laroque, la surface de section des directrices peut se calculer d'après la formule plus simple $S = \dfrac{pD}{2R}$ en employant les résistances pratiques de 9 kilogrammes pour le fer et 12 kilogrammes pour l'acier.

Dans l'application des formules ci-dessus, il faut bien entendu ramener toutes les quantités à la même unité : le millimètre par exemple.

Les coffrages des réservoirs se font au moyen de panneaux de forme établis dans le genre des *cintres* en planches que l'on emploie pour la construction des voûtes. L'armature est d'abord établie entièrement et les directrices ligaturées avec les génératrices, puis le béton est pilonné entre les coffrages que l'on déplace tout autour du réservoir au fur et à mesure de l'avancement du travail ; on peut ainsi construire des réservoirs de grandes dimensions avec quelques mètres carrés seulement de coffrages.

Certains constructeurs, après avoir équipé l'armature en fer, remplissent les vides avec des parpaings de béton comprimé ou avec des briques humectées d'eau et noient le tout dans un bain de mortier de ciment Portland et de sable fin tamisé.

Cette maçonnerie armée remplace le béton armé sans nécessiter de coffrages et donne de bons résultats.

M. Chassin, qui s'est fait une spécialité de la construction de réservoirs de toutes formes et de toutes dimensions, construit des réservoirs portatifs en

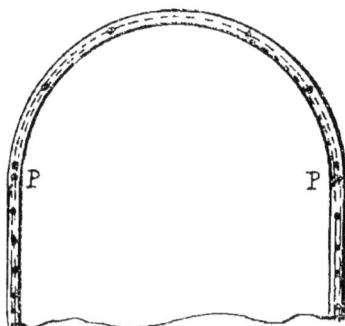

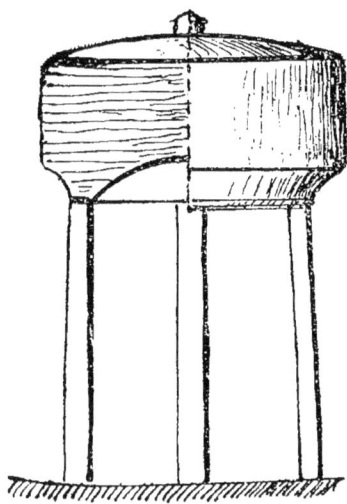

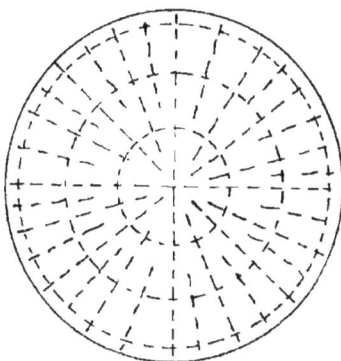

Fig. 21.    Fig. 22.

ciment armé, ouverts par le haut ou fermés pour les fosses septiques, jusqu'à 2000 litres de contenance. Au-dessus, les réservoirs sont construits sur place jusqu'à plusieurs centaines de mille mètres cubes. Certains de ces réservoirs sont élevés sur pylônes en béton armé (Champagne-sur-Seine, 1000 mètres cubes sur pylône de 30 mètres de hauteur).

Dans les réservoirs surélevés le fond est formé en voûte (fig. 21) et souvent les parois sont en encorbellement.

Le réservoir est couvert d'une calotte aussi en ciment armé dont l'armature est formée d'une série de grands cercles et de méridiens, comme le montre la figure 22.

Cette calotte peut être très aplatie, son armature est reliée à celle des parois du réservoir.

Les coffrages pour la confection des tuyaux sont

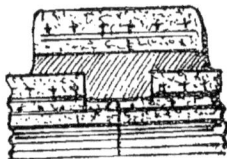

Fig. 23.

constitués : pour l'intérieur par un mandrin en bois ou en tôle ; ce mandrin est légèrement conique ou bien il est en deux pièces et extensible, pour permettre un démoulage facile ; en enduisant d'huile la surface du mandrin, le ciment n'y adhère pas. Pour l'extérieur il faut un caissage démontable en trois ou plusieurs parties permettant d'abord le foulage du mortier sur tout le pourtour du tuyau et ensuite un démoulage facile.

Ce coffrage extérieur est généralement serré par des brides en fer que l'on ouvre pour démonter.

Les joints des tuyaux en ciment armé se font au moyen de bagues aussi en ciment armé que l'on place à l'aplomb du joint et sous lesquelles on fait pénétrer d'abord de la barbotine et ensuite du mortier fin.

La figure 23 représente une portion de joint de

tuyau système A. Bonna. Ce constructeur emploie pour ses tuyaux des aciers profilés que l'on voit en coupe.

Il faut remarquer que le béton armé n'est pas absolument étanche par lui-même à moins d'un fort dosage de ciment. Pour les réservoirs et les tuyaux on les recouvre intérieurement d'un enduit au mortier de ciment à 1200 kilogrammes de ciment par mètre cube de sable. A défaut de cet enduit, l'eau ne tarde pas à colmater le béton qui acquiert peu à peu une étanchéité convenable. Cependant, dans le cas d'eaux très pures ou de fortes pressions, l'enduit est absolument nécessaire car le colmatage ne se produirait pas naturellement.

Pour obtenir une étanchéité absolue, M. Bonna noie dans l'épaisseur de ses tuyaux un tuyau en tôle d'acier mince qui se trouve enrobé entre deux couches : une intérieure, et une extérieure de ciment armé.

Certains tuyaux et aqueducs en ciment armé ont plusieurs mètres de diamètre sans que leur épaisseur dépasse 8 à 10 centimètres, la résistance à la pression intérieure étant fournie entièrement par les armatures.

3º *Ouvrages travaillant à la flexion.* — *Murs de soutènement.* — La poussée des terres en un point quelconque d'un mur de soutènement est donnée par la formule

$$P = \frac{dh^2}{2} \tan^2 \left(45º - \frac{\alpha}{2}\right)$$

$d$ étant la densité des terres à soutenir.

$h$ étant la hauteur du mur.

$\alpha$ l'angle de frottement des terres (voir volume 1, *Terrassements*).

Cette formule permettrait de calculer l'épaisseur d'un mur en ciment armé mais elle conduirait à des épaisseurs considérables si l'on ne tenait compte que de la résistance du mur par son poids. M. Hennebique a construit des murs très minces résistant à de fortes poussées de terre remblayées en utilisant la résistance des armatures à la traction : à cet effet, le mur *m* (fig. 24) est construit sur une semelle *s*

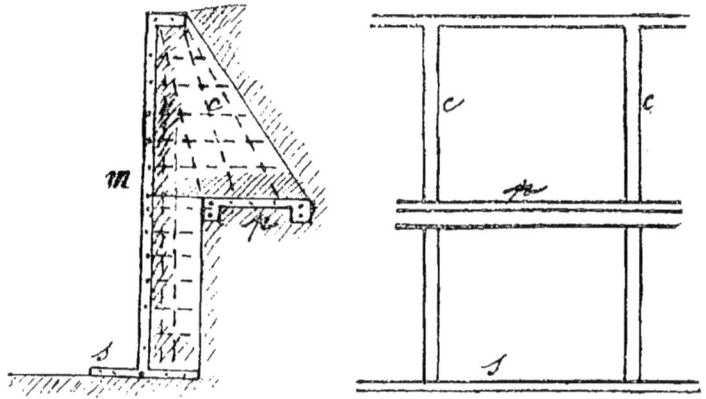

Fig. 24.

et est ancré de distance en distance, au moyen d'armatures formant contreforts intérieurs, sur une autre semelle *p* noyée dans les terres à soutenir. Cette semelle *p* peut se trouver au milieu de la semelle *s* ou plus haut, comme dans le mur du quai de Billy qui n'a que 12 centimètres d'épaisseur sur 6 mètres de hauteur.

Pour les murs de quai, le même constructeur a employé un système consistant en plusieurs murs minces reliés entre eux par des entretoises perpendiculaires ; entre ces murs on a coulé du gros béton ou du sable. L'ensemble offre une grande résistance malgré le faible cube de béton armé (fig. 25 et 26).

*Empattements pour fondations.* — Les empattements nécessités par les fondations sur terrains com-
pressibles sont avantageusement exécutés en ciment

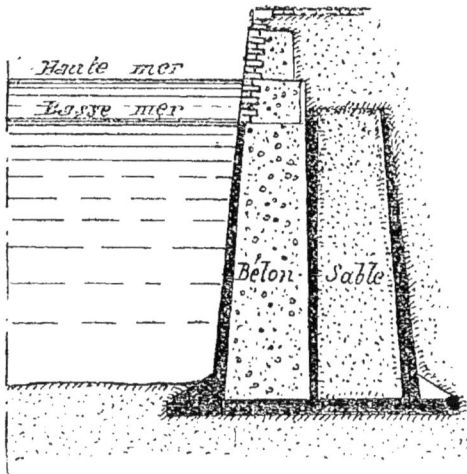

Fig. 25.

armé parce que la réunion d'armatures longitudinales aux armatures perpendiculaires à la direction
du mur permet de former une fondation d'un seul
bloc qui résiste admirablement aux inégalités de
solidité du terrain. Ces empattements doivent être
considérés comme résistant à la flexion que leur
impose la charge du mur bâti sur leur centre.

On peut les armer au moyen de barres en forme
de grils superposés (fig. 27) ; cette manière demande
une grande dépense de métal. On peut aussi considérer, comme dans la figure 28, que la partie supérieure de l'empattement travaille à la compression
tandis que dans la partie inférieure le béton travaille
à la traction : en armant seulement la partie inférieure avec des barres perpendiculaires au mur on
pourra se contenter d'ancrer ces barres avec la partie

7

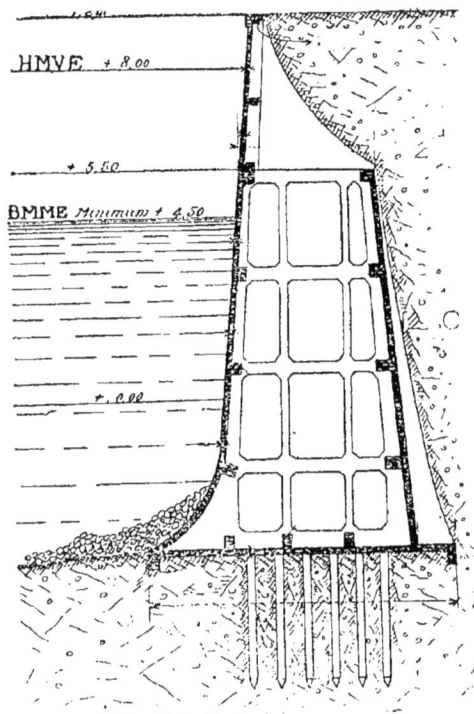

HMVE  + 8.00

+ 5.50

BMME Minimum + 4.50

+ 0.00

Fig. 26.

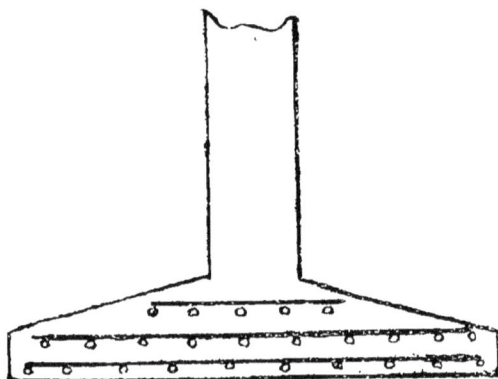

Fig. 27.

supérieure du massif par quelques feuillards pour obtenir avec peu de métal une résistance considé-

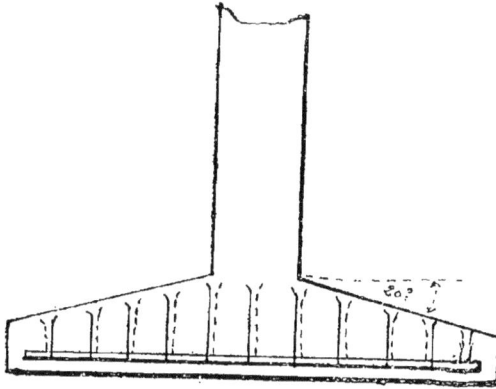

Fig. 28.

rable. En ce cas il faudra calculer ces armatures comme celles d'une poutre chargée au milieu et selon ce qui sera dit après.

*Hourdis et poutres de planchers.* — L'un des plus modernes et des plus intéressants emplois du ciment armé est la construction des planchers, poutres, poutrelles, hourdis et dallages entièrement en ciment armé. Ces nouveaux planchers joignent à une solidité à toute épreuve (quand ils sont bien faits) une grande élasticité, une grande puissance de liaison des murs entre eux, l'indestructibilité absolue par le temps et l'incombustibilité dans toute la mesure du possible ; avec cela ils sont relativement légers, insonores et calorifuges. On peut dire que les planchers et charpentes en ciment armé sont ce qu'il y a de mieux actuellement pour les constructions modernes, aussi leur usage se répand-il de plus en plus aussi bien dans la construction industrielle ou les travaux d'art que dans la construction des habitations bourgeoises.

Nous considérons d'abord le cas d'une simple poutrelle chargée d'un poids P. Si cette poutrelle est simplement posée par ses deux extrémités sur deux appuis *m*, il est évident que la partie supérieure de la poutrelle en C travaille à la compression, tandis que la partie inférieure R travaille à la traction (fig. 29). Le béton pourra donc résister seul à la compression dans la partie supérieure de la poutre tandis qu'il faudra armer fortement la partie infé-

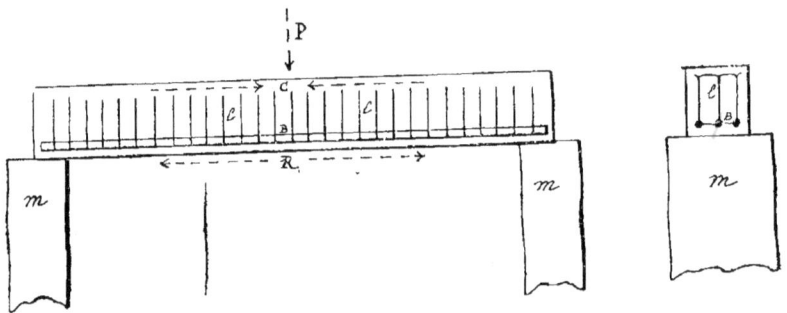

Fig. 29.

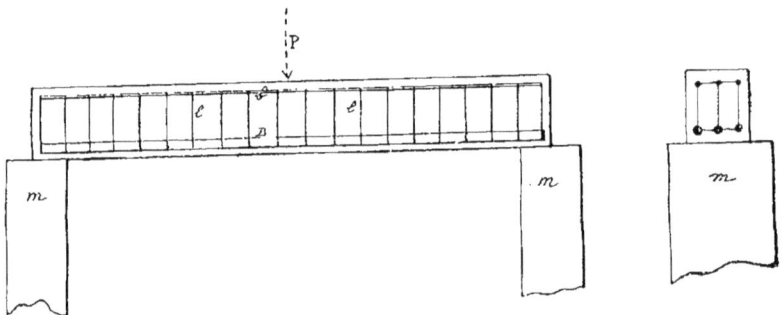

Fig. 30.

rieure au moyen de barres longitudinales reliées entre elles et que l'on munira de liens en fil de fer ou en feuillard *ll* qui ont simplement pour objet de donner plus de cohésion à la masse de la poutre.

Pour augmenter la sécurité dans les poutres lour-

dement chargées, on place à la partie inférieure un
fort rang d'armatures formé de grosses barres de
fer rond et à la partie supérieure de petites barres
longitudinales reliées aux premières par des feuillards, comme le montre la figure 30.

Dans le cas où la poutre est encastrée de chaque

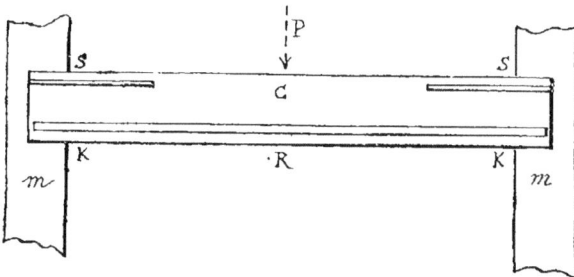

Fig. 31.

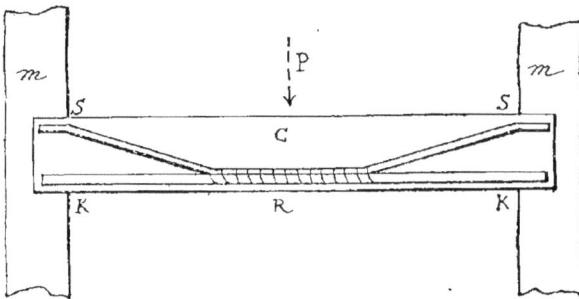

Fig. 32.

côté dans des murs comme le montre la figure 31, les
molécules inférieures sont soumises à l'extension vers
le milieu de la poutre en R et à la compression à
chaque extrémité en KK, tandis que les fibres supérieures sont soumises à la compression au milieu en C
et à l'extension aux extrémités en SS (fig. 31 et 32).

Il est donc nécessaire d'armer la poutre à sa partie
inférieure et aux naissances supérieures en SS.

M. Hennebique arme ces poutres comme le montre la figure 32 et ce dispositif des armatures principales donne toute satisfaction au point de vue de la discussion théorique ; bien entendu la cohésion de l'ensemble de la poutre est assurée par des feuillards verticaux reliés aux armatures principales. Dans tous les cas de poutres encastrées dans des murs ou reposant sur des piliers, les armatures de ces poutres

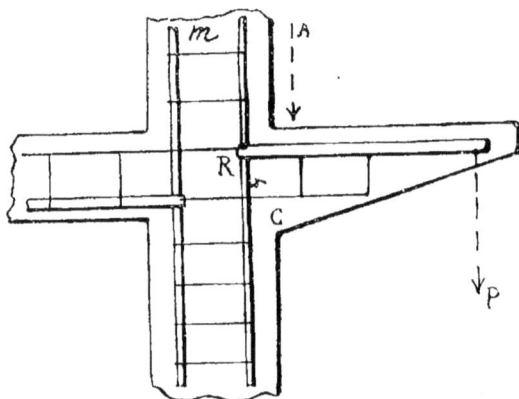

Fig. 33.

doivent être *accrochées* solidement aux armatures de ces murs ou de ces piliers afin que la charpente ne fasse qu'un bloc avec les murs du bâtiment.

Dans le cas d'un balcon ou de parties en porte à faux ou en encorbellement, il faut considérer que la rupture tendra à se produire en A (fig. 33) tandis que le béton sera comprimé en C. Il y a donc lieu d'armer surtout la partie supérieure en liant fortement les armatures en R avec les armatures des murs.

La figure 34 montre la manière de construire les balcons et encorbellements : une dalle armée de barres parallèles au mur est soutenue par des corbeaux armés comme il est dit ci-dessus ; en outre, en avant du balcon est une poutre armée reliant les corbeaux et la dalle supérieure entre eux.

Les armatures des corbeaux sont ancrées sur les armatures du mur du bâtiment.

Les planchers en béton armé se construisent comme

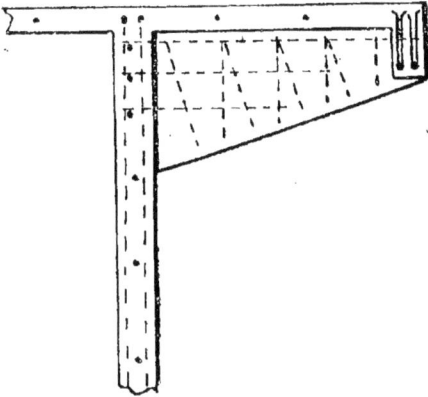

Fig. 34.

ceux en bois ou en fer, au moyen de poutres et poutrelles entrecroisées convenablement et sur lesquelles repose une dalle formant plancher ; mais ici les poutres, les poutrelles et la dalle ne font qu'un seul et même bloc qui est aussi quelquefois réuni au plafonnage de l'étage inférieur, comme le montre la figure 35 : cette figure fait voir le mode de coffrage et les diverses phases de la fabrication d'un plancher système Hennebique.

Le coffrage est très simple, il se compose simplement de planches et de madriers juxtaposés soutenus par des poteaux.

On pose d'abord les armatures (1 et 2) puis le coffrage des poutres que l'on remplit de béton comprimé, on fait les ligatures des feuillards reliant les arma-

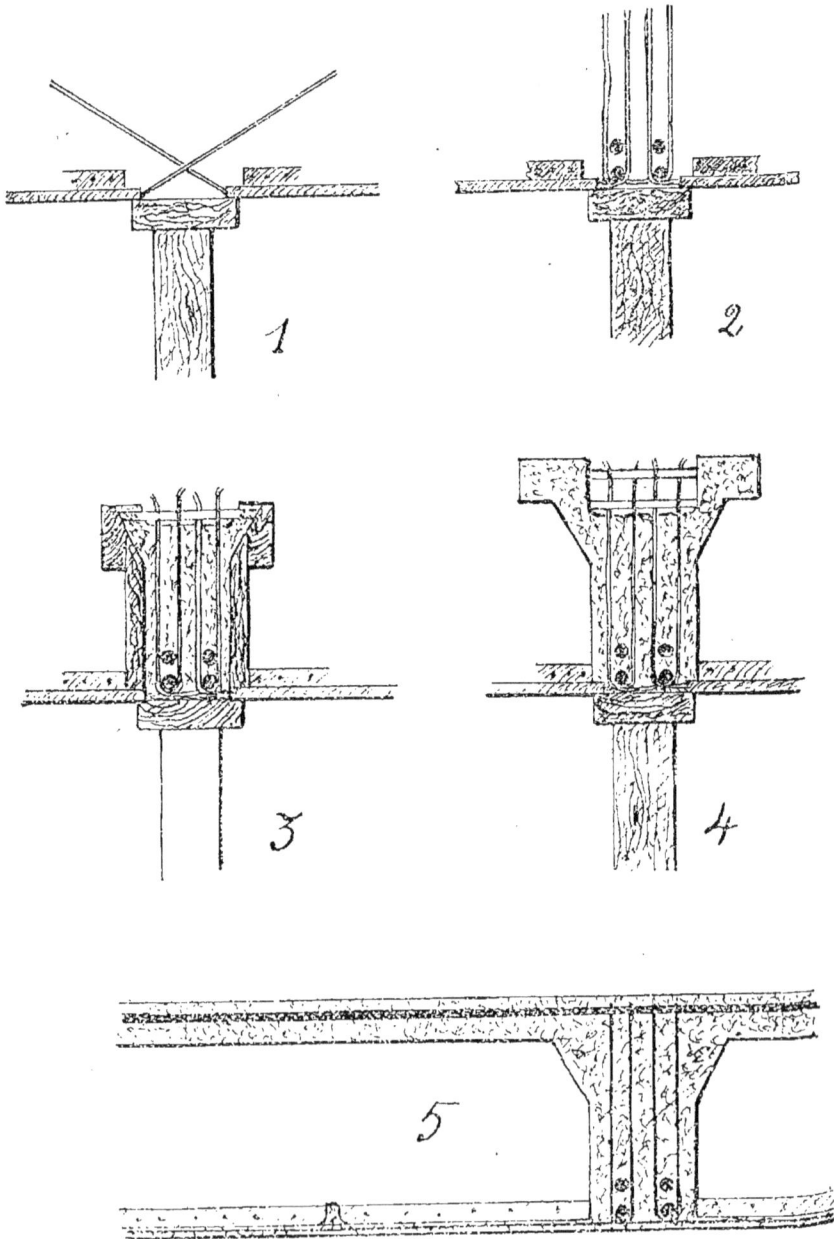

Fig. 35.

tures inférieures aux supérieures (3 et 4) puis on forme la dalle inférieure et enfin la dalle supérieure sur des planches que l'on retire ensuite latéralement.

Un autre procédé consiste à former d'abord les poutres et poutrelles auxquelles on adjoint des cintrages en tôle constituant à la fois le cintrage des hourdis et ses nervures.

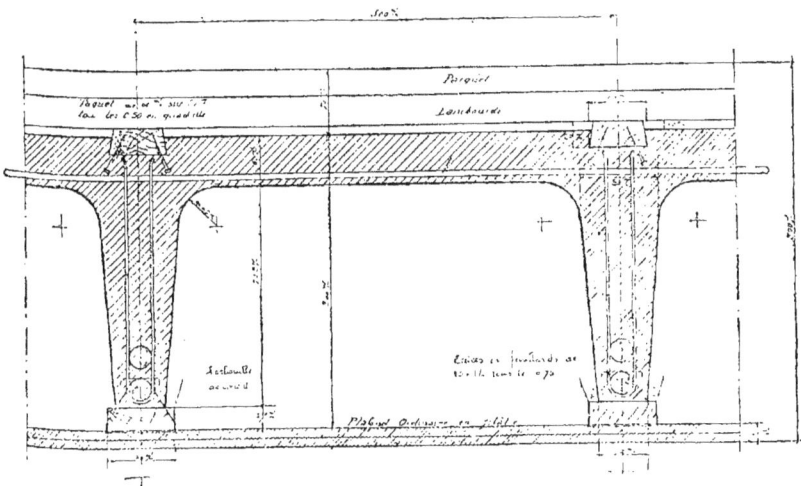

Fig. 36.

Ces cintrages sont supportés par dessous par quelques planches et étais, ils sont enlevés dès que le hourdis a pris assez de consistance (3 à 4 jours, suivant la saison). Dans le hourdis on incorpore des lambourdes en bois servant à clouer le parquet et sous les poutrelles on accroche des lattes en bois pour clouer le lattis du plafond (fig. 36). La construction de ces planchers est extrêmement rapide, ils sont peu coûteux par l'économie de temps que procure l'emploi des cintrages en tôle dont la durée est indéfinie.

La figure 37 montre une vue d'ensemble et en coupe d'un plancher de ce genre avec les cotes principales (d'après le journal *Le Béton armé*, février 1907).

Voici comment ce journal décrit ces planchers creux :

Nous avons désiré éviter la multiplicité des types qui est une cause d'erreur à l'exécution.

Nous avons adopté deux types créés par nous en

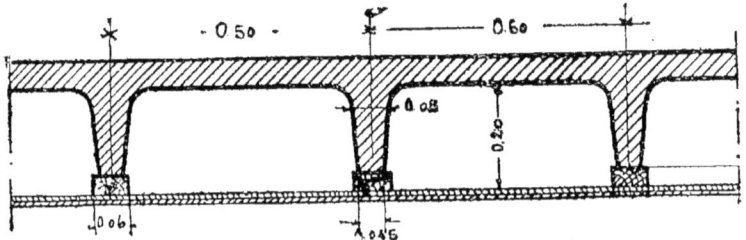

Fig. 37.

1904 ; ces deux types n'ont jamais varié, leur application a démontré qu'il satisfont à tous les besoins.

*Type N° 1.* — Ce type a une hauteur totale de 0 m. 22 ou, avec une latte pour fixer le plafond, 0 m. 25. Il s'emploie jusqu'à 6 mètres de portée libre pour des surcharges d'appartement de 200 à 300 kilogrammes. Ce type reste uniforme ; ce sont les armatures seules qui varient suivant les charges et les portées.

Grâce à son profil étudié et bien découpé, ce type de plancher ne pèse par mètre carré que 195 kilogrammes, avantage considérable qui permet d'économiser l'acier, tout en donnant une très grande résistance. On peut renforcer le type 1 pour lui faire porter des charges plus fortes. Avec un centimètre

de plus de hourdis, porté de 0 m. 05 à 0 m. 07, on l'uti-
lise pour des magasins chargés de 5 à 800 kilogrammes
par mètre carré ; mais si les portées et les surcharges
augmentent simultanément, il est plus avantageux
d'adopter le type 2 (fig. 36).

*Type N° 2.* — Ce type a une hauteur totale de
0 m. 27, soit 0 m. 05 de plus que le type N° 1. Il est
utilisé pour les portées de 6 mètres à 8 m. 50, avec
les surcharges d'appartement de 200 à 300 kilogrammes par mètre carré ; ou pour des portées
moindres et avec un centimètre de hauteur en plus
pour des surcharges de 500 à 1500 kilogrammes par
mètre carré.

Pour des sous-sols, pour des usines et des magasins,
le plancher creux reste visible en dessous, les tôles
sortent très propres, la surface moulée est unie et
pleine ; elle ne présente pas cet aspect poreux de
certaines poutres moulées d'avance avec des mortiers
un peu maigres.

Pour fixer les plafonds, une latte de 6/3 est adhérente à chaque nervure de voussettes ; l'écartement
entre les lattes est de 0 m. 36 à 0 m. 46 ; elles sont
scellées dans le ciment par des clous à bateaux ou
par de petits étriers en fer plat de 12/1 millimètres.
Ces lattes présentent un excellent clouage pour les
plafonds qui y sont fixés de la même manière que
sous une poutraison en bois.

Pour les parquets, certains architectes font placer
des tampons scellés d'avance dans le ciment ; d'autres préfèrent attendre le durcissement et fixer des
tampons après coup, comme on l'a toujours fait
sur les planchers en béton entre poutrelles en fer
à T.

Dans tous les cas, la fixation des parquets est
très facile ; de très nombreux immeubles, apparte-

ments, hôtels, édifices sont munis de parquets placés par l'une ou l'autre méthode avec la plus grande facilité.

Dans beaucoup de cas, on a remplacé les parquets en bois par des linoléums d'épaisseur variable, posés sur une couche de 3 centimètres de plâtre durci.

Les linoléums épais sont à recommander pour les églises, les théâtres, les bureaux ; ils sont agréables à la marche et complètement sourds, les chocs ne produisant aucun bruit ne peuvent se transmettre dans le plancher.

On applique souvent aussi sur nos planchers creux le xylolithe, porphyrolithe, ou autres matériaux à

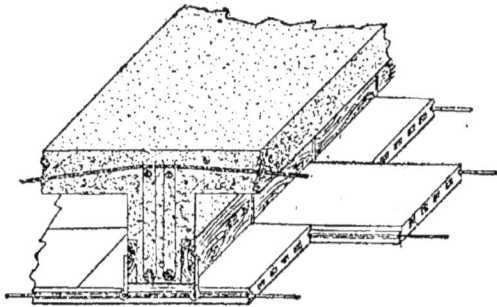

Fig. 38.

base de magnésie ; s'ils sont appliqués pâteux sur le ciment armé, celui-ci les empêche de se gondoler, ce qui est le propre des matériaux magnésiens.

M. Perret, à Belley, fait des planchers du système Hennebique qu'il complète par un hourdis inférieur en briques creuses plates armées dans leurs joints au moyen de tringles en acier reliées aux armatures des poutres, comme le montre la figure 38.

MM. Ferrand et Pradeau construisent des planchers creux du système Hennebique, mais ils pré-

sentent une particularité très intéressante et nouvelle qui demande deux mots de description. Ils sont

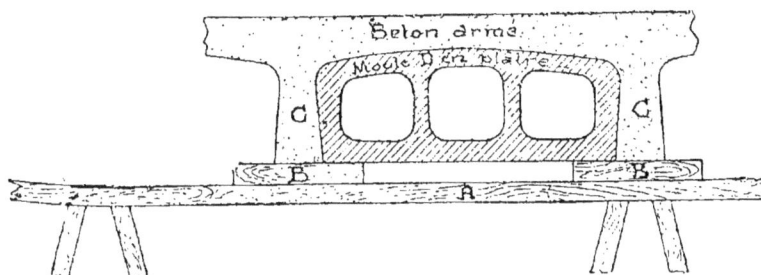

Fig. 39.

constitués par des dalles nervées (voir la figure ci-
dessus) obtenues au moyen de moules creux en
plâtre qui permettent une grande simplification dans
le boisage.

Ce système consiste essentiellement à disposer sur
un léger échafaudage A, établi à hauteur convenable,
des planches B recevant les nervures C et soutenant
à la fois des moules perdus D, confectionnés en plâtre
à l'avance ; emprisonnés dans le béton après la
prise, ces moules forment avec lui un bloc très
rigide et constituent un entretoisement général de
toutes les parties du plancher. Après le déboisage
on a une surface prête à recevoir un enduit en
plâtre formant plafond, sans lattes ni préparation
préalable.

Ce genre de plancher, très insonore grâce au ma-
telas d'air des moules, permet, étant creux, le pas-
sage de fils électriques, canalisations, ventouses, etc...
De plus les distributions des pièces intérieures se font
avec une grande facilité, sans renforts spéciaux dans
les cloisons.

Disons enfin que lorsqu'il s'agit de plânchers peu

chargés dont la portée ne dépasse pas deux ou trois mètres, on peut les constituer par une simple dalle continue armée comme le montrent les figures 29 à 32. On peut encore les constituer par des fers à I que l'on enrobe dans des dalles de béton armé ; ces dalles étant faites en forme de voûtes légères chargent moins le plancher et économisent la matière.

Nous ne décrirons pas ici tous les systèmes proposés pour les armatures de planchers, les armatures en fer rond avec ligatures en feuillard donnent d'aussi bons résultats et plus économiques que celles en fers profilés ou d'autres systèmes compliqués.

*Calcul des planchers en béton armé.* — Les méthodes proposées pour le calcul des éléments d'un plancher en béton armé sont nombreuses et variées ; elles sont plutôt le résultat d'expériences que de la théorie pure et cela se comprend puisqu'il y a une quantité de manières de disposer un plancher où le ciment et le fer peuvent varier en quantité et en qualité. Nous exposerons ci-après les méthodes les plus rationnelles et celles consacrées par l'expérience.

1º *Calculs de M. Planat.* — Cet auteur suppose que sous une charge modérée le fer et le ciment s'accompagnent dans leurs déformations, que sous une charge moyenne les fers se comportent comme des tirants encastrés aux deux bouts et que sous une charge exceptionnelle, les fers se comportent comme des câbles métalliques tendus sous une poutre en béton. En prenant comme moyenne le deuxième cas, M. Planat déduit les formules suivantes applicables à une dalle simple.

$$D = \sqrt{7,33 \frac{m}{6Rc}}$$

$$s = \frac{m}{Rf}$$

$$d = 0,10\ D$$

$$h = 3\ d$$

dans lesquelles :

D est la distance de l'axe des barreaux de fer, armant une dalle, au bord supérieur de cette dalle.

d la distance de l'axe de ces barreaux au bord inférieur de cette dalle.

s la section des fers en millimètres carrés.

m le moment fléchissant maximum pour la charge donnée supposée uniformément répartie.

Rc la résistance du béton à la compression = 20 à 30 kilogrammes par centimètre carré.

Rf la résistance du fer à la tension = 8 à 12 kilogrammes par millimètre carré.

h la hauteur de la partie de la poutre qui travaille à la compression.

Pour une dalle armée de poutrelles ou nervures, on a approximativement les mêmes formules, mais la nervure doit avoir environ deux fois plus de hauteur que la dalle, c'est-à-dire que l'épaisseur de la dalle étant 1, l'épaisseur totale du plancher sera 3. La largeur des nervures est de un dixième environ de leur hauteur, ce qui paraît un peu faible.

Les formules ci-dessus appliquées aux nervures seront :

$$D = \sqrt{8,07 \frac{m}{6Rc}}$$

$$s = \frac{m}{Rf}$$

$$d = 0,09\ D$$

$$h = 3\ d$$

Dans les formules ci-dessus et dans les suivantes, il sera question des *fibres neutres* de la poutre ou béton armé. Il est évident que puisque les fibres supérieures travaillent à la compression et les fibres inférieures à la traction il y a un point du milieu de la poutre où les fibres ne travaillent pas ; c'est ce qui se produit dans toutes les poutres en bois ou en fer. Ces fibres sont appelées *fibres neutres*, elles se trouvent au milieu des points où se produisent les maximum de compression et de tension.

2º *Calculs de M. Ways.* — Cet auteur suppose une adhérence absolue du fer au ciment, ce qui est pratiquement vrai, et que les deux éléments se suivent dans leurs déformations.

En adoptant les mêmes notations que ci-dessus, nous aurons, en appelant E l'épaisseur de la dalle

$$E = 2,31 \sqrt{\frac{m}{Rc}}$$

$$s = \frac{1}{4} E \frac{Rc}{Rf}$$

On admet en outre que le plan des fibres neutres doit se trouver à égale distance des deux faces de la dalle.

3º *Calculs de MM. Coignet et de Tédesco.* — Ces auteurs supposent que le ciment suit tous les allongements du fer et adoptent 15 kilogrammes par millimètre carré pour la résistance du métal, 40 kilogrammes par centimètre carré pour la résistance du béton à la compression (charges limites de sécurité) et 20 pour le rapport d'élasticité du fer au ciment, d'où ils déduisent :

$$C = 300 \frac{2\,h + e}{15\,h - 15\,e}$$

$$S = \frac{m}{15\,h}$$

$$C = e\,l$$

dans lesquelles formules C est la surface de la section droite du béton travaillant à la compression ;

$e$, l'épaisseur de la dalle ;

$S$, la section du métal de la nervure ;

$m$, le moment fléchissant maximum ;

$h$, la distance du centre de gravité des fers au milieu de la dalle ;

$l$, la distance d'axe en axe des poutrelles.

Si l'on suppose cette distance $l$ égale à 1 mètre, on déduit de ces formules les données suivantes :

| Épaisseur de la dalle | Hauteur | Moment fléchissant maximum | Section du métal | Poids mort par mq | Surcharge par mq. à admettre pour portée de 5 m. | Portée pour surcharge de 250 k. par mq |
|---|---|---|---|---|---|---|
| $e$ | $h$ | $m$ | | $p$ | | |
| cent. | cent. | | cmq. | kilos | kilos | mètres |
| 5 | 11,9 | 1187,5 | 6,7 | 150 | 230 | 4,90 |
| 6 | 14,3 | 1710,0 | 8 | 180 | 370 | 5,60 |
| 7 | 16,6 | 2327,5 | 9,3 | 210 | 530 | 6,30 |
| 8 | 19 | 3040,0 | 10,7 | 240 | 730 | 7 |
| 9 | 21,1 | 3847,5 | 12 | 270 | 960 | 7,70 |
| 10 | 23,8 | 4750,0 | 13,3 | 300 | 1220 | 8,40 |

Les épaisseurs des nervures sont choisies d'environ une fois et demie l'épaisseur de la dalle.

8

4° *Méthode de M. Hennebique.* — *m* étant le moment fléchissant imposé à la poutre, 2H la hauteur de la partie soumise à la compression, M. Hennebique admet que cette compression est uniformément de 25 kilogrammes par centimètre carré. Il admet que la limite de la partie comprimée est la fibre neutre de la poutre et que le moment de compression est la moitié du moment total M, d'où il tire

$$50 \, He \, \frac{H}{2} = \frac{M}{2} \quad \text{ou} \quad 50 \, H^2 \, e = M$$

*e* étant la largeur de la poutre (*H* et *e* étant exprimés en centimètres).

Pour l'armature métallique, il obtient la section S par la formule

$$S = \frac{M}{2H_1}$$

$H_1$ étant la distance du centre de gravité des armatures aux fibres neutres de la poutre.

Cette méthode de calcul, quoique reposant sur des suppositions empiriques déduites de l'expérience, n'a donné que de bons résultats à son auteur.

*Ouvrages à consulter pour d'autres méthodes.*

Claudel et Laroque, Art de construire, édition 1910.
Dict. Lamy, 2° supplément, page 536 et suivantes.
De Laharpe, Notes et Formules de l'Ing., édition 1909.

*Emploi du métal déployé pour les armatures de béton.*
— Le métal déployé est un treillis rigide obtenu méca-
niquement en découpant et distendant à froid une
tôle d'acier doux. Il remplace les treillis faits sur
place par les entrepreneurs de ciment armé.

La résistance qu'il fournit est double de celle que
donnent les treillis en barres rondes de même poids,
de sorte que pour une même résistance il en faut un
poids moitié moindre. Il supprime la main-d'œuvre
que nécessite la confection sur place des treillis en
barres rondes et supprime aussi le fil recuit des ligatures.

Quoique ce métal soit plus cher aux 100 kilogrammes que les treillis en barres rondes, il est, par mètre
carré, plus économique que ces derniers.

Le métal déployé n'est pas destiné à remplacer,
dans les constructions, la charpente en bois ou en fers
assemblés, colonnes, poutrelles, qui seule peut constituer une ossature invariable, homogène et géo-
métriquement calculable. *Il complète le bâtiment*, en
permettant d'appliquer sur toute cette ossature, des
planchers, cloisons et plafonds, *solides, économiques,
légers et incombustibles.*

*Hourdis de planchers.* — Les hourdis sont constitués : soit par des dalles armées préparées d'avance
et qu'on fait reposer sur des solives ; — soit par une
dalle unique armée, construite sur les solives elles-
mêmes.

Dans les planchers ordinaires sur poutrelles en fer,
l'emploi du métal déployé permet de réaliser une
économie d'au moins 30 p. 100 sur le poids des poutrelles : 1° en réduisant le poids mort du hourdis ;
2° en donnant le moyen d'augmenter (jusqu'à 2 m. 25)
l'écartement des poutrelles qui ont alors une hauteur

plus grande, il est vrai, mais pèsent moins par mètre carré de plancher.

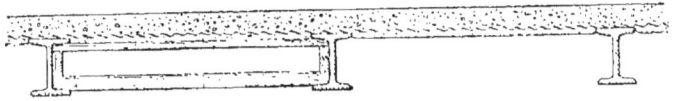

Fig. 40.

Le croquis ci-dessus donne une des dispositions, très simple, des planchers ordinaires et montre la manière dont on établit les cintres.

Le calcul de ces hourdis se fait comme suit : Si W est la charge totale en kilogrammes par mètre carré de hourdis (surcharge et poids mort), $p$ l'écartement d'axe en axe des solives ou poutrelles, en mètres, $e$ l'épaisseur du hourdis en centimètres, la formule

$$ W = 48 \left(\frac{e}{p}\right)^2 $$

donne la valeur de l'un des trois éléments W, $e$ ou $p$ quand on s'est fixé celle des deux autres.

Le numéro de métal déployé armant un hourdis de $e$ centimètres doit peser 0 kg. $4 \times e$ par mètre carré. On le choisit généralement à maille de 75 millimètres.

Il se place à 0 m. 01 ou 0 m. 015 de la face inférieure des hourdis — les longues diagonales des mailles normales aux poutrelles, les feuilles reposant directement sur celles-ci — deux feuilles consécutives se recouvrant de 0 m. 10 au droit des poutrelles.

Autant que possible choisir pour $p$ les valeurs 0 m. 750, 1 m. 15, 1 m. 40, 1 m. 90, 2 m. 10, 2 m. 30 correspondant aux dimensions des feuilles qui se livrent sans plus-value.

Dosage normal du béton { 300 kilos de Portland.
0m3400 sable fin de rivière.
0m3800 gravillon.

Dans le cas d'ateliers, granges, ponts, etc..., les dispositions ci-dessous ont l'avantage de protéger les fers et de les renforcer.

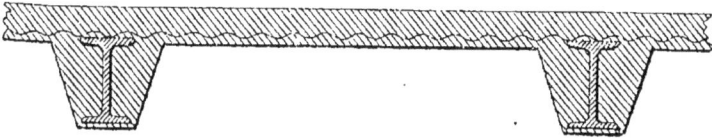

Fig. 41.

Fig. 42.

*Cas des grandes portées et fortes surcharges.* — Quand les circonstances permettent ou imposent de

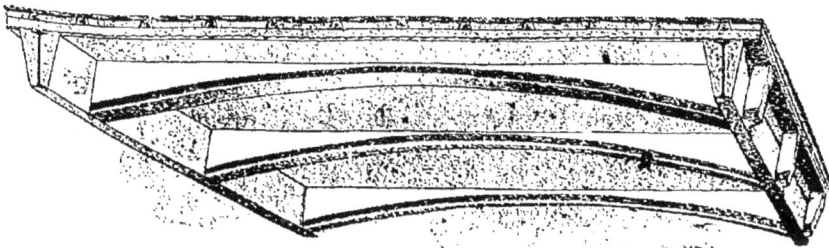

Fig. 43.

grandes portées et de fortes surcharges — par exemple 6 mètres de portée et 2000 kilogrammes ou plus de surcharge — on adopte un dispositif qui permet de réaliser une très grande économie, c'est le *Plancher Golding* dessiné ci-dessus. Il a été appliqué aux Docks de Manchester, 2500 kilogrammes de surcharge ; aux ateliers Armstrong (Angleterre), 4500 kilogrammes de surcharge ; à l'usine électro-chimique de Livet

(Isère), etc. Il se recommande pour tous les bâtiments industriels et s'exécute comme suit : .

Entre les maîtresses poutres ou solives, on jette des fers **U** cintrés, *s'appuyant simplement* sur l'aile inférieure des fers, et formant chacun l'intrados d'un arc en béton dont la surface supérieure affleure au niveau des maîtresses poutres. Sur le tout on couche les feuilles de métal déployé, et on fait le hourdis à la manière ordinaire. Le hourdis et les arcs en béton doivent être exécutés en même temps, pour qu'ils ne fassent qu'une seule et même masse.

Le poids en kilogrammes par mètre du fer **U** de l'arc Golding a pour valeur :

$$\frac{0,813}{10000} \times \frac{P.L^2}{F}$$

P = charge totale en kilogrammes supportée par mètre courant d'arc Golding (surcharge + poids mort des hourdis et de l'arc). — L = portée de l'arc en mètres. — F = flèche de l'arc en mètres.

*Construction des plafonds.* — Le n° 1 ou *Lattis métallique* fixé sous les solives ou sous les poutrelles, et

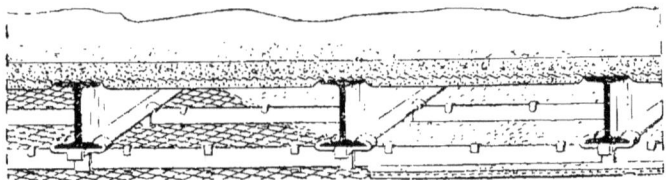

Fig. 44.

enduit de plâtre, donne des plafonds très rigides, légers, *ne se gondolant pas et ne se fissurant jamais.*

Le lattis métallique est très souvent utilisé pour la protection des œuvres en fer contre l'incendie : on entoure les poutrelles de lattis qu'on enduit ensuite de ciment. Les incendies les plus violents ne *parviennent pas à détacher le ciment ainsi appliqué* (fig. 44).

*Murs doubles.* — Deux feuilles de lattis métallique bien tendues, à quelque distance l'une de l'autre, et enduites chacune de 0 m. 025 de mortier de ciment ou de plâtre, constituent des murs isolants contre la chaleur et le froid.

*Murs simples, cloisons.* — Ce lattis métallique noyé dans 0 m. 05 de plâtre ou 0 m. 04 de mortier de ciment, constitue des cloisons très peu encombrantes et *de grande résistance.*

*Décoration des édifices.* — Le lattis métallique, très souple, est d'une application courante dans la décoration. Il en a été fait grandement usage à l'Exposition Universelle de 1900 (Salle des Fêtes, Pavillon Hongrois, etc.) ; 15.000 mètres carrés en ont été employés pour la décoration intérieure de l'Hôtel d'Orsay (Gare d'Orléans, à Paris).

*Fondations, réservoirs, couvertures de réservoirs.* — Les qualités du métal déployé le recommandent pour ce genre d'emplois.

De très nombreux exemples peuvent être cités, entre autres le réservoir de 3.000 mètres cubes de Waalhem, près de Malines, et les réservoirs de Torresdale (Etats-Unis), de 2.000.000 de mètres cubes.

# CHAPITRE VI

## CONSTITUTION DES OSSATURES
## DE BATIMENTS

L'*ossature* d'un ouvrage en béton armé comprend les piles et colonnes supportant les maîtresses poutres des planchers qui sont reliées entre elles par les poutrelles ou nervures qui reçoivent les hourdis et plafonds. Cette ossature, véritable squelette de l'édifice, forme un seul bloc de ciment armé, depuis les fondations jusque et y compris les combles, de sorte que, lorsque l'ossature est terminée, elle forme une immense cage de béton armé ; il ne reste plus alors qu'à remplir les vides entre les piliers par des murs relativement minces en ciment armé, en pierres ou en briques. Ces murs de face ou de refend ne contribuent pas à la solidité du bâtiment qui repose entièrement sur son ossature.

Cette manière de contruire diffère totalement des procédés employés pour les constructions de pierre ou de briques en maçonnerie ordinaire ; nous avons tenu à la faire ressortir.

Nous avons emprunté à l'intéressant journal *Le Béton armé* quelques dessins d'ossatures entre les-

quelles il ne reste qu'à construire les murs de remplissage : remarquons ici que dans un immeuble en béton
armé construit comme il est dit ci-dessus, on peut

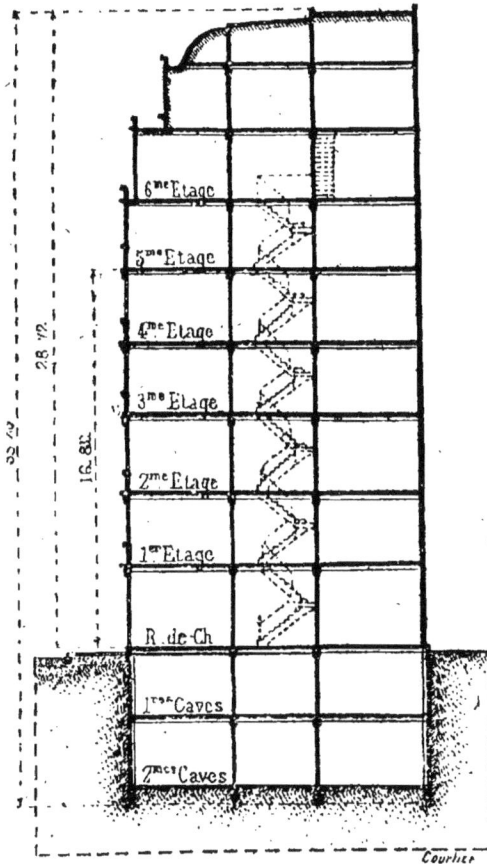

Fig. 45.

démolir un ou plusieurs des murs de remplissage
sans se préoccuper d'étayer les superstructures,
cette démolition ne pouvant jamais provoquer l'af-
faissement de l'ossature supérieure.

La figure 45 ci-dessus représente en coupe l'os-

sature de la première maison construite entière-
rement en béton armé; elle se trouve 1, rue Danton,
et sert de bureaux à la Société Hennebique.

Cette maison comprend deux étages de substruc-
ture et 9 *étages en élévation*. La coupe montre que c'est
bien le type de la boîte à compartiments dont nous

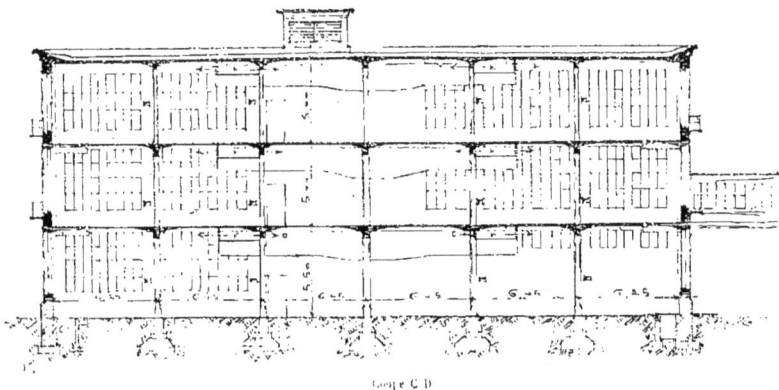

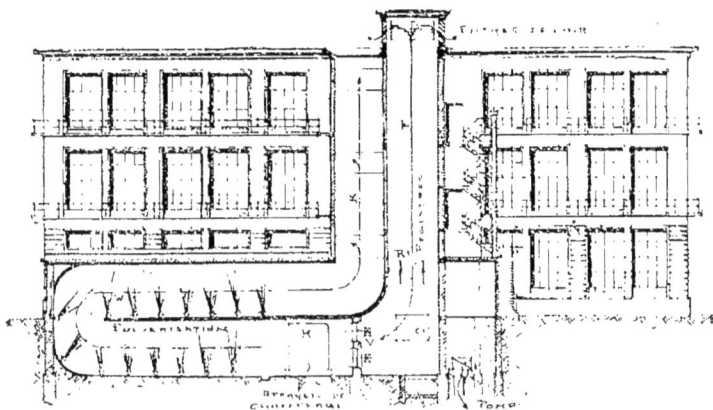

Fig. 46.

avons parlé. La construction repose sur un radier
général ; les murs, planchers, escaliers, cloisons, toiture, terrasse, tout est en béton armé et constitue bien
un monolithe.

La figure 46 montre l'ossature et la construction de l'usine de filature de MM. Schlumberger et Cie à Mulhouse.

La construction se compose de trois salles superposées pour métiers à filer qui ont comme mesures intérieures 41 mètres × 38 m. 30, d'une cage d'escaliers surélevée de deux étages avec double monte-charges et réservoir d'une contenance de 48 mètres cubes dans la partie supérieure, d'une annexe pour la ventilation et l'humidification et d'un escalier de secours extérieur.

Pour pouvoir ménager les canaux du retour de l'air sans empiéter sur les salles et obtenir le maximum d'éclairage, les piliers des façades ont été, comme d'ailleurs toute la construction, excepté l'annexe, exécutés en béton armé. A chaque étage, des balcons font le tour du bâtiment.

Les figures 47, 48, 49 montrent les détails de construction du pont d'Imphy sur la Loire, inauguré le

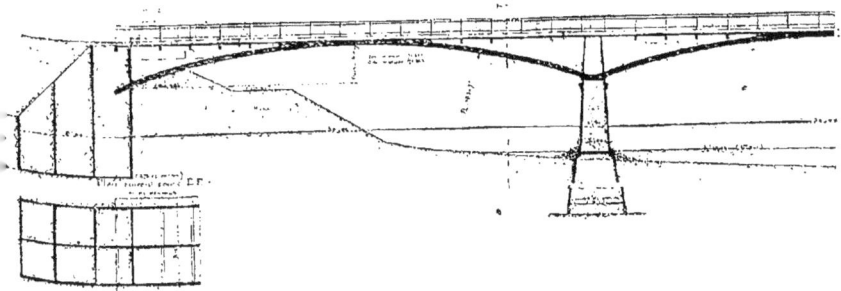

Fig. 47. — Pont d'Imphy, coupe longitudinale
sur l'axe de la chaussée.

6 octobre 1907. Cet ouvrage, du système Hennebique, se compose de 10 arches en arc de cercle de 30 mètres d'ouverture chacune et de 2 m. 40 de flèche. Il a 6 mètres de largeur, dont 4 m. 50 de chaussée et

deux trottoirs de 0 m. 75. (Voir fig. 47, 48, et 49.) Les piles ont été fondées sur caissons en béton armé, coulés sur place, puis foncés dans le sable jusqu'à

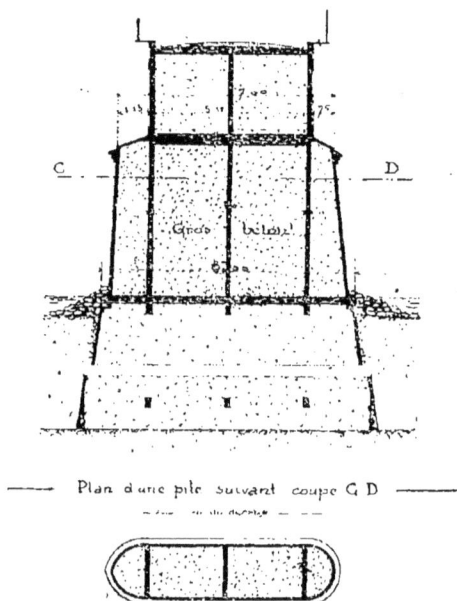

Fig. 48. — Coupe transversale sur l'axe d'une pile.

4 mètres en contre-bas du fleuve, au fur et à mesure qu'on draguait à l'intérieur, et remplis ensuite de gros béton.

Les fondations des culées ont été constituées par un bloc de béton encastré dans le terrain solide.

Toutes les fondations ont été préservées contre les affouillements par des enrochements.

Les culées font corps avec les voûtes et le tablier, au moyen d'armatures appropriées. Les poussées et les charges verticales qu'elles supportent ont été réparties à raison de 6 kilogrammes par centimètre carré.

Les voûtes sont formées d'un seul arc de 5 m. 12 de largeur entre parements, d'épaisseur variable, reliées au tablier par deux cloisons de rive et une cloison médiane intermédiaire, placée dans l'axe longitudinal du pont. Ces cloisons qui forment tympans ont 0 m. 16 d'épaisseur.

Elles supportent des traverses ou pièces de pont espacées de 2 mètres en 2 mètres sur lesquelles repose

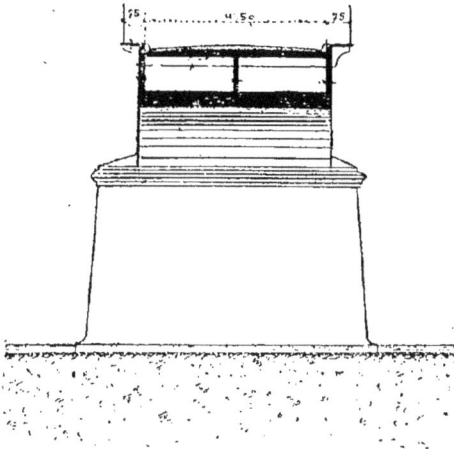

Fig. 49. — Coupe suivant A B.

le tablier formé par un hourdis général de 0 m. 15 d'épaisseur moyenne recevant sur 4 m. 50 de largeur une chaussée de 0 m. 05 en asphalte comprimé.

Celle-ci est limitée par les bordures de trottoirs faites en béton de ciment moulé et comprimé.

Les trottoirs sont en béton armé enduit à la surface.

Un garde-corps en fer règne d'une extrémité à l'autre.

Les figures 50 et 51 ci-après montrent le détail des ossatures du théâtre de Saint-Amand.

Dans cette importante construction, faite par le système Hennebique, tous les murs, planchers et plafonds des balcons et des loges, escaliers et combles de la toiture sont en béton armé, de même que la scène et les dépendances ; on ne peut guère concevoir

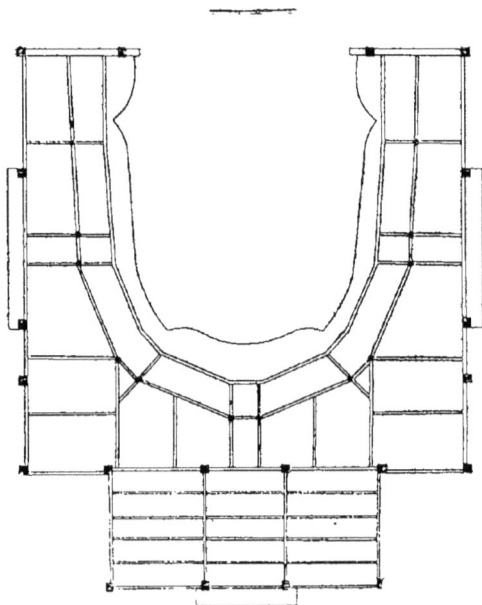

Fig. 50. — Théâtre de Saint-Amand, ossature générale au niveau de la première galerie.

un incendie grave dans un tel théâtre où le bois n'a été nulle part employé au gros œuvre.

Les magasins du Bon Marché, à Paris, sont couverts de toitures *à la Mansard*. Le comble est constitué par des fermes en arc avec entraits portant planchers et reliées entre elles par une dalle que l'on a doublée d'une couverture en ardoise sur chevrons et voliges. Toutes les parties des fermes et des planchers sont en béton armé et disposées comme le montre la figure 52.

Le béton armé est employé aussi avec succès pour la construction des sheds ou toitures d'usines.

Dans la construction des tours ou phares, l'ossature est celle d'un énorme tube entretoisé intérieure-

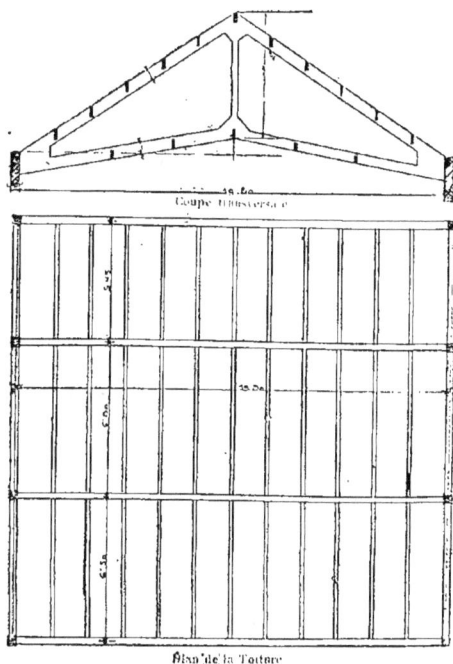

Coupe transversale

Plan de la Toiture

Fig. 51. — Théâtre de Saint-Amand, plan de la toiture et des combles en béton armé.
(D'après le journal *Le Béton Armé*.)

ment par des cloisonnements et par les escaliers et les paliers : nous donnons ci-après le résumé du projet du phare de Montevideo.

Ce phare a 40 mètres de hauteur au-dessus d'un îlot rocheux émergeant lui-même de 20 mètres au-dessus des eaux.

Dans les prescriptions relatives au phare de Montevideo, il est dit que cet ouvrage devra supporter un vent de 180 kilogrammes par mètre ; mais dans les calculs d'avant-projet, on a admis une pression de 300 kilogrammes par mètre carré. En appliquant cette pression intégralement à la surface diamétrale de l'ouvrage projeté, on trouve que le moment de

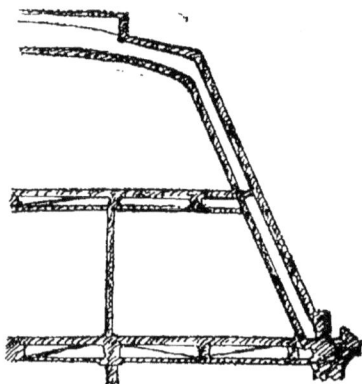

Fig. 52.

renversement autour de la base sera de 1500 tonnes-mètres environ.

Le poids propre de la construction en béton armé ressort à 625 tonnes (250 mètres cubes de béton armé à 2500 kilos). La projection du centre de gravité se trouvant à 4 mètres de l'arête inférieure de la base, le moment de résistance au renversement est ainsi : $625 \times 4 = 2.500$ tonnes-mètres, très supérieur, comme on le voit, au moment de renversement.

L'application de la méthode de construction en béton armé permet d'assurer un encastrement complet de l'ouvrage sur sa base rocheuse où pénétreront et seront scellées au béton de ciment les barres d'acier faisant partie de l'armature des parois et de la semelle. Cet encastrement est suffisant, en dehors même du couple de stabilité créé par le poids propre,

à assurer la résistance contre l'action du vent, grâce
à la nature élastique et monolithique du béton armé,

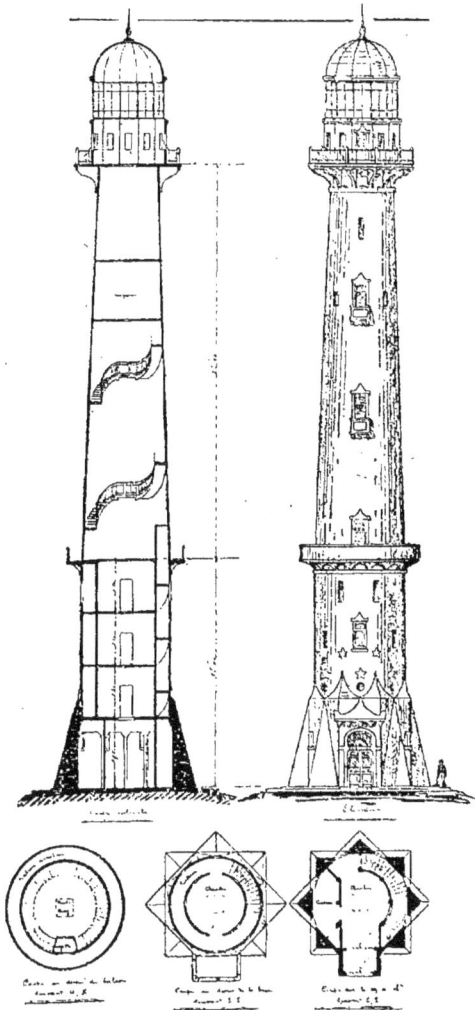

Fig. 53.

qui permet au fût de la tour de résister à la flexion
produite par l'effort horizontal, effet qui ne saurait
se produire, dans la même mesure, avec une autre

9

classe de maçonnerie. On a ainsi, pour s'opposer à l'action du vent, une double résistance : 1º la stabilité due au poids propre ; 2º la résistance de l'encastrement.

Cet encastrement offre en outre le moyen le plus efficace de résister aux tremblements de terre.

On remarquera le double cloisonnement (fig. 53) existant sur 15 mètres de hauteur à partir du sol, entretoisé par l'escalier se développant dans la galerie circulaire, renforcé encore par les contreforts résultant du plan octogonal de la base, étant de nature à assurer une indestructible stabilité à l'ouvrage, quels que soient les assauts subis par lui.

# CHAPITRE VII

## POTEAUX EN CIMENT ARMÉ
## POUR LIGNES ÉLECTRIQUES

Le ciment armé est employé avec succès pour faire des poteaux pour remplacer les poteaux en bois ou en fer pour tous usages. Les poteaux en ciment armé ont l'avantage de ne nécessiter aucune entretien, ils sont *éternels*, ce qui n'est pas le cas des autres ; les poteaux en ciment armé ne coûtent pas, du reste, sensiblement plus cher que ceux en fer. Mais, au point de vue électrique, le plus grand avantage des poteaux en ciment armé est leur capacité isolante précieuse, surtout quand il s'agit de lignes à haute tension comme on en fait de plus en plus de nos jours.

Les armatures des poteaux sont analogues à celles que nous avons décrites pour les tuyaux. Les poteaux se font pleins ou creux, ces derniers ayant l'avantage d'être plus légers et plus économiques que les pleins. Les poteaux creux sont moulés absolument comme un tuyau, on leur donne une forme conique imitant celle des poteaux en bois.

Les usines de Grenoble construisent des poteaux creux, octogonaux extérieurement et cylindriques à l'intérieur.

Un poteau de 10 mètres de hauteur a 0 m. 35 de diamètre à la base et 0 m. 17 au sommet, il pèse de 900 à 1200 kilogrammes, selon l'effort à supporter au sommet de 200 à 500 kilogrammes.

Nos lecteurs pourront consulter à cet égard la brochure éditée par la Société Anonyme des Ciments de Grenoble sur les poteaux tubulaires en ciment armé pour lignes électriques.

# CHAPITRE VIII

## PIERRES CREUSES EN CIMENT ARMÉ

Une quantité de brevets ont été pris pour la fabrication de matériaux creux en ciment armé. Au moyen de moules démontables et de noyaux que l'on s'arrange pour retirer après que le ciment est tassé autour des armatures, on arrive à constituer des pierres creuses d'assez grandes dimensions, résistant suffisamment à la compression quoique ayant des parois très minces et formant des murs isolants de la chaleur, du froid, de l'humidité et du bruit.

Nous décrirons ici le procédé Champly qui est à la portée de tous par sa grande simplicité. Il consiste à fabriquer des pierres creuses dans l'intérieur desquelles les noyaux sont abandonnés, de sorte que l'on retire des moules des pierres de grandes dimensions ayant absolument l'apparence de pierres de taille.

Le moule est composé de panneaux en planches démontables ; les noyaux sont des boîtes en carton épais dont les fonds plats sont formés de planchettes de sapin très minces (5 à 6 millimètres d'épaisseur). Les angles de ces boîtes sont arrondis et elles ont la forme de grands cartons à chapeaux. Nous avons fait de nombreux essais de ce procédé et avons obtenu des pierres creuses cloisonnées intérieurement, comme le montre la figure 54, ayant jusqu'à 1 mètre × 0 m. 60 × 0 m. 50. Les parois de ces pierres, armées de fers de 8 millimètres de diamètre, avaient 2 centimètres 1/2 d'épaisseur.

Une pierre de 0 mc. 300 pesait 250 kilogrammes environ et supportait 60 tonnes au bout d'un mois de

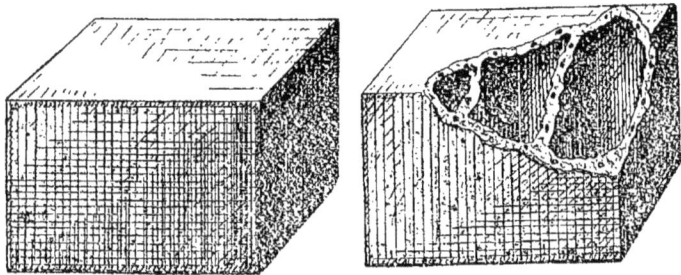

Fig. 54.

fabrication (elle avait acquis alors environ la moitié de sa résistance définitive).

Les armatures étaient simplement entrecroisées de façon à former partout des mailles de 0 m. 15 × 0 m. 15 environ.

Le ciment Portland de Boulogne était employé au dosage d'un sac de ciment pour quatre sacs de sable grossier mais très propre. Le pilonnage devait être fait très soigneusement et surtout très rapidement pour que le carton n'ait pas le temps de se ramollir par l'humidité. Nous avons obtenu de bons résultats en badigeonnant le carton avec des déchets d'huiles quelconques, ce qui empêche l'humidité du ciment de pénétrer le carton.

La face supérieure est lissée puis bouchardée de façon à imiter une pierre de taille, on peut aussi y ajouter des moulures faciles à obtenir avec des moules en plâtre. Pour obtenir la blancheur de la face apparente, il suffit de la recouvrir, pendant que le béton est frais, avec un enduit de mortier de ciment gâché avec du sable fin et du talc en poudre très fine. On peut faire de même des enduits colorés et des dessins avec des ocres.

Ces matériaux creux peuvent rendre de grands services dans les pays où la pierre est rare. Ils sont faciles à exécuter et peu coûteux.

# TABLE DES MATIÈRES

Orléans, Imp. H. Tessier

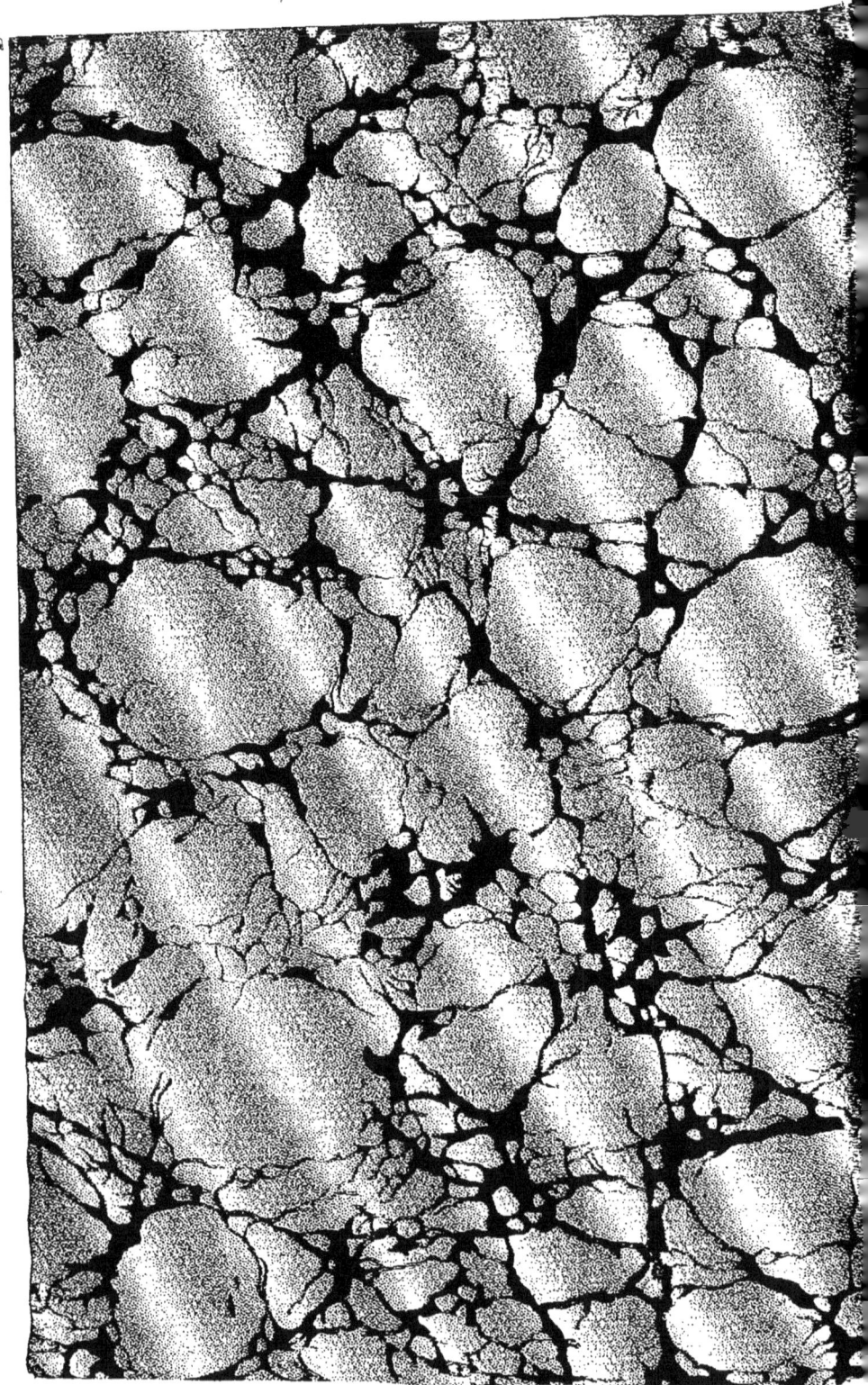

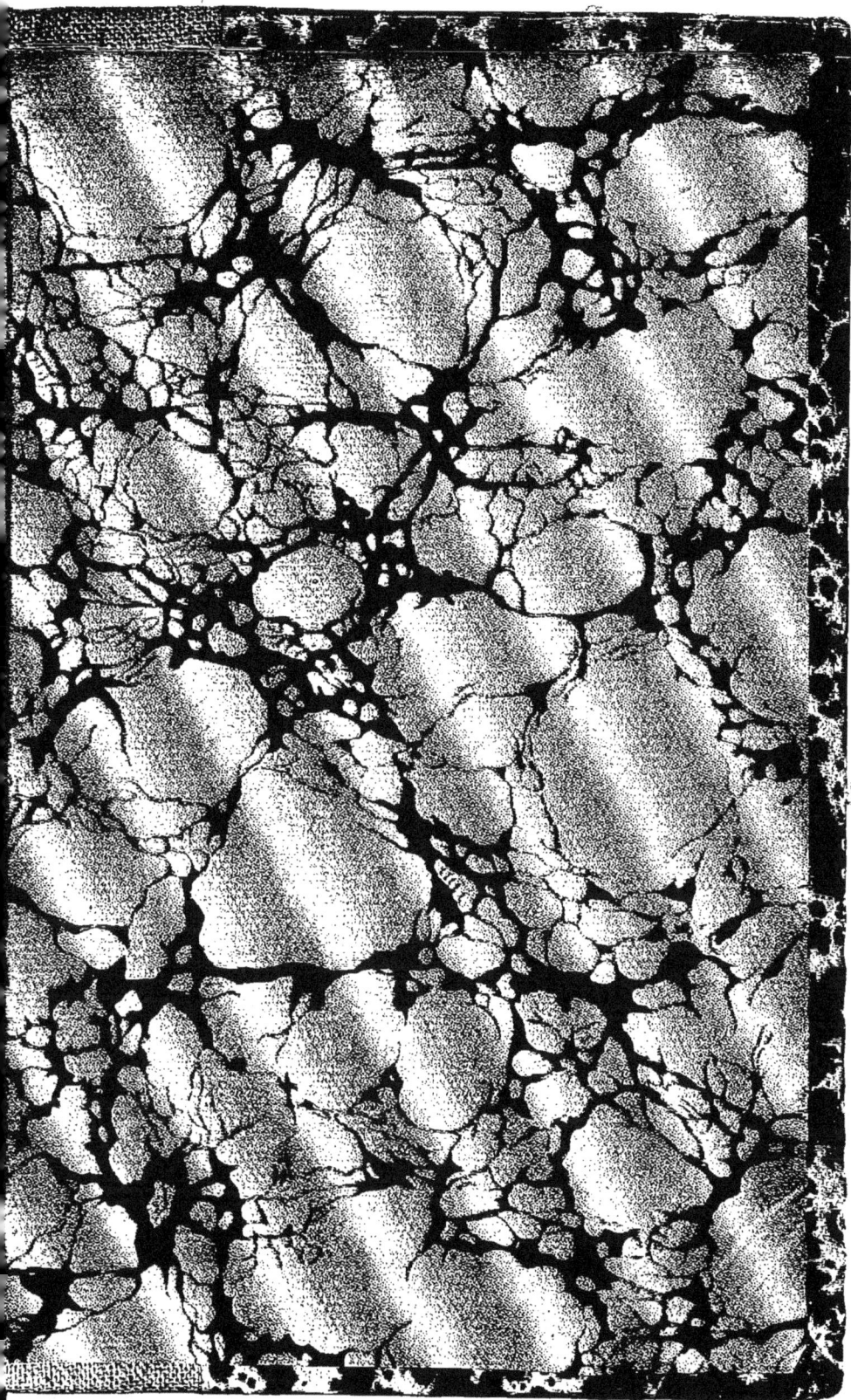

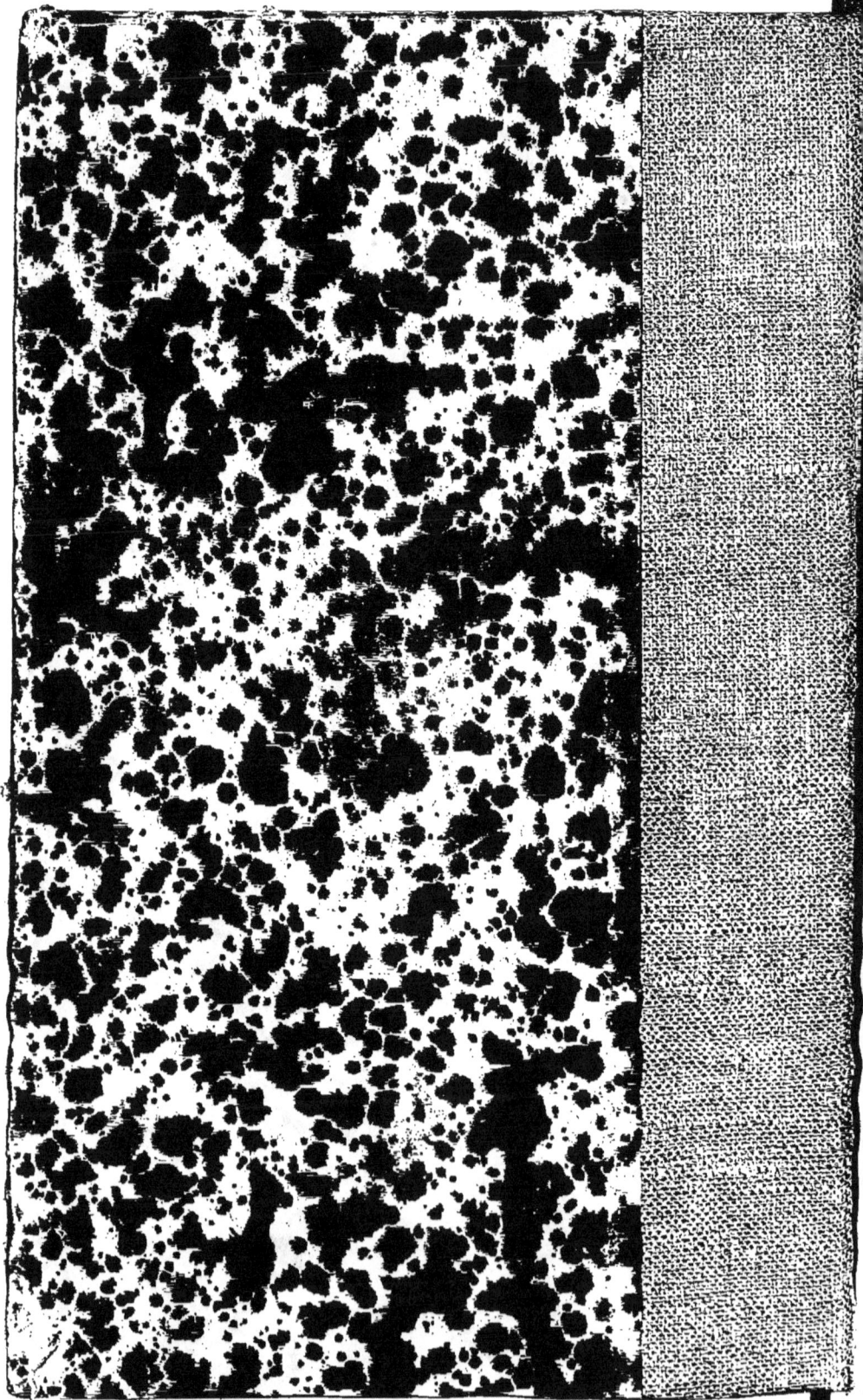

www.ingramcontent.com/pod-product-compliance
Lightning Source LLC
Chambersburg PA
CBHW071913200326

41519CB00016B/4603